Manfred Gerner

Schäden an Fachwerkfassaden

Manfred Gerner

Schäden an Fachwerkfassaden

Mit 120 Abbildungen und 7 Tabellen

Fraunhofer IRB Verlag

Die Deutsche Bibliothek – CIP-Einheitsaufnahme

Gerner, Manfred:
Schäden an Fachwerkfassaden : mit 7 Tabellen / Manfred Gerner-
Stuttgart : Fraunhofer-IRB-Verl., 1998
ISBN 3-8167-4690-X

Satz: Satz- und Druckcenter des Fraunhofer-Informationszentrums Raum und Bau, Stuttgart
Druck: Druckerei Hoffmann, Inh. M. Wetzstein, Kornwestheim

Für den Druck des Buches wurde chlor- und säurefreies Papier verwendet

Fraunhofer-Informationszentrum Raum und Bau
Postfach 800469, D-70504 Stuttgart
Telefon (07 11) 9 70-25 00
Telefax (07 11) 9 70-25 08

Vorwort

Sanierungsschäden

Der Dritte Bauschadensbericht der Bundesregierung aus dem Jahre 1996 mit den Erkenntnissen und dem statistischen Material aus dem Jahre 1992 behandelt erstmalig eigenständig auch Fachwerkgebäude. Dazu wurden Fakten zur Quantität, der Qualität und zu Schäden an Fachwerkbauten ermittelt.

Rund 2 Millionen Fachwerkgebäude stehen in der Bundesrepublik Deutschland. 80 % davon wurden vor 1870 errichtet, 20 % zwischen 1870 und 1940 und nach 1948 nur noch wenige einzelne Gebäude. Die regionale Verteilung der Fachwerkbauten ist sehr unterschiedlich mit Regionen, in welchen nur noch wenig Fachwerk zu finden ist, und andererseits Dörfern mit noch über 95 % Fachwerksubstanz. Der Zustand der Gebäude ist ebenso unterschiedlich. Nach den Recherchen müssen zur Sanierung der Fachwerkgebäude in den westlichen Bundesländern im Durchschnitt 20.000,- DM pro Gebäude aufgewendet werden, bei den Gebäuden in den östlichen Bundesländern ca. 65.000,- DM.

Bis hierhin sind Zahlen und Fakten noch positiv, alarmierend werden sie bei den Schäden. Ein großer Teil, vielleicht sogar der größere Teil aller Schäden an Fachwerkbauten, die dringend behoben werden müssen, rührt aus ungeeigneten Umbau- oder Sanierungsmaßnahmen der letzten Jahrzehnte. Im Rückschluß daraus muß dafür gesorgt werden, daß ausreichende Kenntnisse und das Verständnis für Fachwerkkonstruktionen, deren Materialien, die Auswahl der geeigneten Instandsetzungs- und Modernisierungsmaßnahmen sowie eine saubere, handwerkliche Ausführung als grundlegende Voraussetzungen angesehen werden, um Folgeschäden zu vermeiden.

Hier setzt »Schäden an Fachwerkfassaden« an. Mit der Darstellung von Schäden und den Ursachen der Schäden sowie grundsätzlichen, aber auch detaillierten Hinweisen zur Schadensvermeidung, insbesondere konkreten Vorschlägen für die Tagesarbeit, ist das Buch als Arbeitsinstrument angelegt.

Der Autor wünscht den Fachwerkgebäuden viele kompetente Fachleute und den Fachleuten viele erfolgreiche Fachwerksanierungen.

Fulda, im September 1998

Manfred Gerner

Inhalt

Einleitung

Eine Studie des Deutschen Zentrums für Handwerk und Denkmalpflege [ZHD 1995], der Dritte Bauschadensbericht [BUNDESMIN. FÜR RAUMORDNUNG 1996] sowie zahlreiche Beiträge in Fachzeitschriften gerade in jüngster Zeit haben deutlich werden lassen, daß Schäden an Fachwerkfassaden neben natürlichen Ursachen wie Abwitterung oder Schlagregen insbesondere durch unsachgemäße Behandlungen meist in den letzten Jahren oder Jahrzehnten entstanden sind. Auch die Gründe dafür sind vielfach aufgedeckt und dargestellt.

Um den Lesern möglichst realistische Hilfestellungen zu geben, bezieht sich der Band »Schäden an Fachwerkfassaden« ausdrücklich und konkret auf untersuchte Schadensfälle. Es wurden dazu mehr als hundert Beweissicherungsgutachten im Auftrag von Gerichten und fast ebenso viele Privatgutachten ausgewertet. Dabei wurden Schäden, Untersuchungen und Schadensursachen sehr genau übernommen, Gebäude, Orte und streitende Parteien aber nicht erwähnt oder verändert. Mit dieser Vorgehensweise ist sichergestellt, durch die Auswertung entstandener Schäden dazu beizutragen, neue Schäden zu vermeiden, andererseits aber auch den Schutz der streitbefangenen Parteien zu wahren. Eine statistische Mängel- und Schadensauswertung von 40 Schadensfällen im Rahmen eines vom BMBF geförderten Untersuchungs- und Forschungsprogramms im Jahre 1990 ergab folgendes Ergebnis:

Es führten

– flächige Spachtelmassen	16 mal,
– zu dichter Anstrich	19 mal,
– chemischer Holzersatz	4 mal,
– falsche Dämmung/Kondensatausfall	9 mal,
– Eindringen von Schlagregen Anschluß zwischen Holz und Gefach	9 mal,
– Putzabplatzungen	9 mal,
– Verschiedenes	3 mal

zu Schäden. In den meisten Fällen wurden dabei jeweils mehrere Schadensursachen beobachtet, die in der obigen Liste durch Mehrfachnennungen berücksichtigt sind. [GERNER 1991]

Trotz der sehr unterschiedlichen prozentualen Verteilung zeigt die Statistik, daß die Mängel und Schäden vielfach aus der Mißachtung grundsätzlicher bauphysikalischer Regeln entstanden sind.

Um »Schäden an Fachwerkfassaden« als aktuelles Handbuch benutzen und Problemkreise schnell auffinden zu können, wurden die Schäden und die Ansätze zur Vermeidung der Schäden oder deren Sanierung in folgenden Gruppen zusammengefaßt:

- Schadensgruppe Holzfeuchte
- Schadensgruppe mangelhafte Konstruktionen, mangelhafter baulicher (konstruktiver) Holzschutz
- Schadensgruppe ungeeignete Werkstoffe und Werkstoffkombinationen
- Schadensgruppe mangelhafte Verarbeitung
- Schadensgruppe Feuchtesperren/Dampfsperren
- Schadensgruppe Verwitterung, Alterung, Verschleiß

Nur selten treten so viele gravierende Mängel wie bei dem unter Punkt 3.5.5 »Mängelanhäufung« dargestellten Schadensfall zusammen auf. Fast immer sind es aber mehrere Ursachen, die zum Schaden führen. Mängel und Schäden lassen sich deshalb nur schwer in die Gruppen einordnen. Weitergehend ist die Verwendung eines ungeeigneten Materials oder einer ungeeigneten Materialkombination unter Umständen auch gleichzeitig ein handwerklicher Mangel oder Planungsfehler. Die Zuordnung von Schadensfällen zu bestimmten Schadensgruppen erfolgte deshalb nach dem Schwergewicht der Schadensursachen.

In jeder Schadensgruppe sind zwischen zwei bis sechs konkrete Schadensfälle einschließlich deren Ursachen und Schadensphänomenen beschrieben. Darauf folgt jeweils etwas abgesetzt ein Abschnitt zur Verhinderung oder Vermeidung entsprechender Schäden. Der Leser kann sich auf diese Weise die Schadensproblematik unter den Grundsätzen, z.B. »Vermeidung von Konstruktionsfehlern« oder über die unter Schlagworten wie »Bretterfachwerk« differenzierten Schadensdarstellungen erschließen.

Die Beschreibung der Schäden muß zwangsweise eine unterschiedliche Tiefe erreichen, da die Schadensphänomene ein Spektrum von einfachsten handwerklich-technischen Details bis zu komplizierten bauphysikalischen Komplexen umfassen.

Insgesamt verfolgt »Schäden an Fachwerkfassaden« nicht das Ziel, die zahlreichen wissenschaftlichen Ansätze im Bereich von Holzkonstruktionen, Fachwerk und Fachwerksanierung weiter zu erschließen, sondern ausschließlich anhand von Schäden, der Untersuchung der Schadensursachen und Hinweisen zu schadensfreien Lösungen einen Beitrag zu abgesicherten Sanierungen zu liefern.

1 Grundlagen

1.1 Fachwerkgefüge

Mit dem Begriff Fachwerk wird heute aus konstruktiver Sicht ein tragendes Skelett (Fachwerkträger, Fachwerkrahmen) definiert.

Das System des Fachwerkgefüges als tragendes Skelett aus Holz mit raumabschließenden Ausfachungen wurde etwa 10000 bis 6000 v. Chr. entwickelt. Fachwerkbauten nahmen über große Teile Europas wie auch in anderen Erdteilen einen solch breiten Raum ein, daß ihr konstruktives Gefüge Vorbild und Namensgeber für ähnliche Konstruktionen aus anderen Materialien wurde. [SAGE 1972] [GERNER 1997]

Die wesentlichen Merkmale einer solchen Skelettkonstruktion bestimmen das Fachwerkgefüge bis heute. Alle statisch wirksamen Kräfte, gleich ob senkrecht abzutragende Lasten, schräg oder horizontal angreifender Druck oder Zug, werden vom Holzskelett mit gelenkigen Knotenpunkten aufgenommen und abgeleitet, während die Ausfachungen ausschließlich wand- oder raumabschließende Funktionen bzw. Sonderfunktionen in Form von Fenstern und Türen erfüllen. Dementsprechend sind die Anforderungen an die verwendeten Materialien: die Hölzer des Skeletts müssen die Druck-, Zug- und Biegezugkräfte abtragen, während die Gefache mechanische Beanspruchungen des Wandschlusses aufnehmen, weiter wetterfest sowie schall- und wärmedämmend sein müssen.

Die bei historischen Fachwerkbauten in der Regel verwendeten Materialien, wie Eichen- oder Fichtenholz und Lehmstakung bzw. Lehmziegel, erfüllten die Anforderungen hervorragend und ergänzten sich zu einem idealen Bausystem. [GERNER 1994] [GERNER 1983]

1.1.1 Das Holzskelett

Die Fachwerkgebäude der Gotik und bis in die Renaissance hinein mit Ankerbalken und Zapfenschlössern sowie Kopf- und Fußbändern mit profilierten Blättern oder Schwalbenschwanz-, Weichschwanz- bzw. Hakenblättern und/oder Schwertern konnten über diese Verbindungen beachtliche Zugkräfte aufnehmen. Die jüngeren Fachwerkkonstruktionen können bis auf geringe Zugkräfte in Schwellen oder Rähmen (aus den horizontal wirkenden Kraftanteilen von Streben, Winkelhölzern, Kopfbändern oder Fußbändern) wegen der nur zur Aufnahme von Druckkräften ausgebildeten Holzverbindungen kaum Zugkräfte, sondern nur Biegezugkräfte in den einzelnen Stäben aufnehmen.

Bis in das zweite Drittel des 19. Jahrhunderts bauten die Zimmerleute Fachwerke nach »statischem Gefühl«, die Hölzer wurden dabei meist überdimensioniert, in einigen wenigen Fällen zum Beispiel bei Dachkonstruktionen, auch zu gering bemessen. Fachwerke, die nach 1900 erstellt wurden, sind meist aufgrund statischer Berechnungen dimensioniert, das heißt, die Holzstärken sind auf das Mindestmaß der geforderten Tragfähigkeit eingeschränkt. Bemessungsgrundlage für neue Holzkonstruktionen ist die DIN 1052 oder alternativ DIN V ENV 1995-1-1 Eurocode 5 (EC 5) mit nationalem Anwendungsdokument (NAD).

Die senkrechten Kräfte im Fachwerk werden durch Ständer, untergliedert in Eck-, Bund-, Wand-, Tür- oder Fensterständer, abgetragen. Innere Wände schließen an einen Bundständer an; trifft die Innenwand nicht auf einen Ständer der Außenwand, so wird ein Klebestiel als Abschluß der Innenwand

Abb. 1:
Modell des Fachwerkgefüges Haus Hüttengasse 4 in Lich/Hessen mit zwei Geschossen in Geschoßbauweise und einem Obergeschoß in Stockwerksbauweise.
(Modell: Hans Tisje, Neu-Isenburg)

innenseitig der Außenwand angeordnet. Zur Rahmenbildung, Fixierung der Ständer am unteren und oberen Ende sowie zur Lastverteilung der aufliegenden Deckenlasten dienen Grundschwellen über Keller oder Fundament, Saum- oder Stockschwellen in den oberen Geschossen und die Rähmbalken bzw. Rähme. Die Gefachunterteilung geschieht durch Riegel als Fach-, Brüstungs-, Hals-, Fenstersturz- und Türsturzriegel. Die Anzahl der Riegel pro Geschoß ist nach Landschaften und Entstehungszeiten verschieden und reicht über Wände ohne Riegel von einem bis zu fünf Riegeln übereinander. Die Horizontalkräfte werden durch schräg angeordnete Hölzer - Verschwertungen, Kopf- und Fußbänder, Kopf- und Fußwinkelhölzer, dreiviertelwand- oder wandhohe Streben bzw. Strebenkreuze in Form von Andreas- oder Fünferkreuzen aufgefangen. Streben werden immer paarweise und im gleichen Winkel geneigt angeordnet, um so eine gleichmäßige Steifigkeit für Kräfte von beiden Angriffsrichtungen zu erreichen. Im Normfall sind die Eckstreben zum Eckständer hin geneigt. Zur Verbindung der Holzstäbe untereinander dienten früher zahlreiche, teilweise komplizierte und schmückende Holzverbindungen, wie Zapfen mit Schwebeblättern und stark profilierte Blätter an Fuß- und Kopfbändern. Die Verbindungen waren mit Holznägeln gesichert. Der Reichtum an Holzverbindungen wurde schon im Barock geringer; bei den

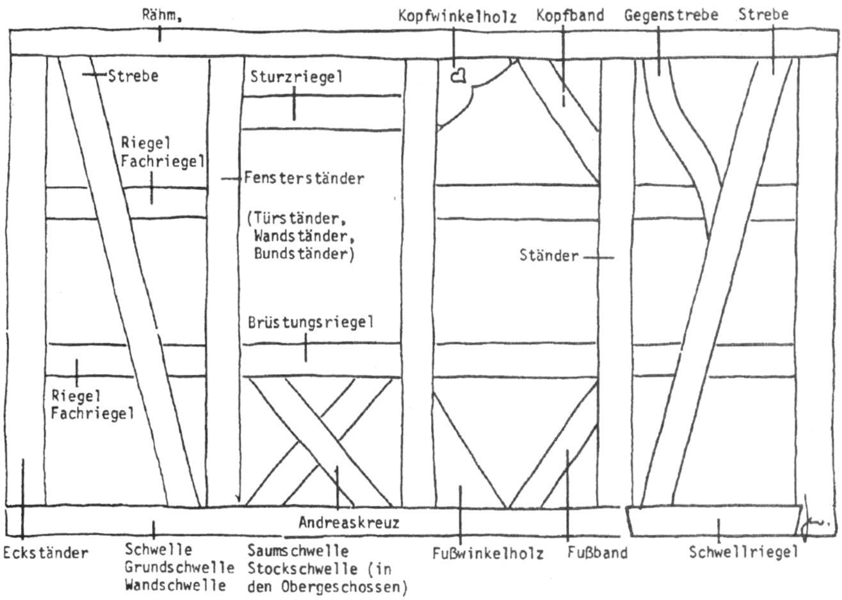

Abb. 2:

Schematische Darstellung eines Wandgefüges mit den Begriffen der verschiedenen Fachwerkteile. [GERNER 1994]

rein konstruktiven Fachwerken in unserem Jahrhundert sind Schwellen und Rähme oft nur einfach verblattet oder gar stumpf gestoßen und verklammert, die Fachwerkwände selbst sind bestenfalls ausschließlich mit Zapfenverbindungen zusammengefügt. Stark beanspruchte Streben erhalten zusätzlich einen Versatz. Der größte Teil handwerklicher Holzverbindungen benötigte und benötigt keine zusätzlichen Verbindungsmittel, in größerem Umfang wurde mit Holznägeln gesichert, in kleinerem Umfang auch mit geschmiedeten bzw. gezogenen Nägeln oder Klammern. Der kleinste Querschnitt statisch beanspruchter Fachwerkstäbe soll 60 cm^2, bei einer geringsten Breite des Holzes von 6 cm, nicht unterschreiten.

Das Traggerüst der Fachwerkgebäude steht oft in direkter Abhängigkeit zur Dachkonstruktion. Aus germanischen Bautraditionen entwickelten sich Sparrendächer, aus römischen Ursprüngen Pfettendächer. [DEINHARD 1996]

In der Renaissance kannte der Zimmermann schon eine Vielzahl komplizierter Dachstühle, die aus dem Sparren- oder Pfettendach entwickelt wurden, einschließlich Hänge- und Sprengewerken. Die Dachneigungen betrugen im mittleren Deutschland um 1300 zwischen 45 und 50°, wuchsen in der Gotik bis über 70° an und wurden dann allmählich wieder flacher. [DEINHARD 1996] [MITTAG 1952]

1.1.2 Die Wandbildung

Bei den Holzbauweisen vor der Zeitenwende finden sich raumabschließende Wandkonstruktionen, wie Flechtwerkwände, Stabwände, Blockwände, Ständerbohlenwände und Mischkonstruktionen zeitlich nebeneinander. Für die Technik der Fachwerkausfachungen bedeutsam wurden die Flechtwerkwände und in abgegrenzten Regionen Oberdeutschlands Bohlenwände. Auch die Bohlenständerbauweise wurde bis zum 15. Jahrhundert bereits von Ausfachungen mit Stakung und Flechtwerk abgelöst. Die Ausfachungstechnik mit Stakung, Flechtwerk und Strohlehmbewurf in zahlreichen örtlichen Varianten ist über Jahrhunderte gleichgeblieben. [GERNER 1986]

In die mittig angeordneten Nuten oder Bohrungen der Fachwerkstäbe werden gespaltene, bis zu 5 cm dicke Stakhölzer aus rohen, trockenen Eichenscheiten in Abständen von ca. 20 cm eingeschlagen. Mit Weidenruten oder Ästen verschiedener Holzarten bis zu 2 cm Durchmesser werden die Stakhölzer, bis an die Fachwerkstäbe reichend, ausgeflochten. Der Lehmmörtel wird aus feinem Lehm ohne zuviel Fremdstoffe oder Steine mit Strohhäcksel zur Armierung vermischt und mit Wasser angeteigt. So muß man ihn etwa

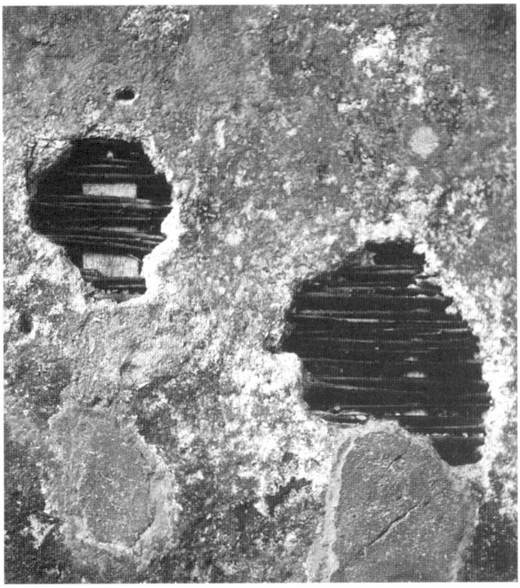

Abb. 3:
Fachwerkausfachung mit Stakung, dichtem Weidengeflecht und Lehm, ähnlich den vorgeschichtlichen Flechtwerkwänden.

Abb. 4:
Fachwerkwand mit Lehmfüllungen auf Stakung ohne Geflecht, im unteren Teil stark angewittert.

Abb. 5:
Gefachfüllung mit Ziegeln als Sichtmauerwerk.

12 Stunden ziehen lassen. Dann wird das Geflecht beidseitig mit dem Lehmmörtel beworfen und holzbündig abgezogen. Nach dem Austrocknen wird eine weitere Schicht Lehm in der Art eines Putzes aufgetragen und bündig abgeglättet. [GERNER 1990]

In einigen Regionen Deutschlands wurden statt Lehmstakungen ungebrannte Lehmziegel verwendet, in anderen Gegenden wurde auch gelegentlich mit Natursteinen ausgemauert und schließlich setzte sich im Norden Deutschlands schon früh der gebrannte Ziegel als Ausfachungsmaterial durch.

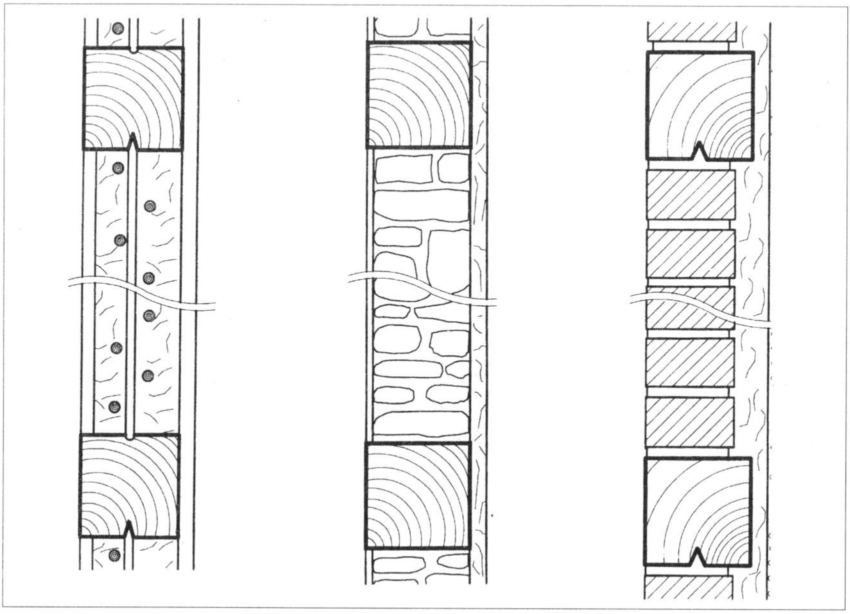

Abb. 6:
Schematische Wandschnitte: links Fachwerkwand mit Strohlehm auf Stakung, beidseitig verputzt; mitte Wand mit Natursteinausmauerung mit innenseitigem Lehmputz und rechts Wand mit Ziegelausmauerung, innen Lehmputz sowie zusätzliche Dämmschicht. (Skizze: Deutsches Zentrum für Handwerk und Denkmalpflege, Gaul)

1.2 Niederdeutsches, mitteldeutsches und oberdeutsches Fachwerk

In Mitteleuropa entstanden erste »Bauten« etwa 12.000 v. Chr. in Form von Zelten und Windschirmen. Der spätere Übergang von der Hütte zum Haus ist im wesentlichen durch die Ausbildung senkrechter Wände ausgeprägt.

Die Entwicklung von Häusern in Wohngrubenform mit Nurdachkonstruktionen begann in Mitteleuropa etwa um 3000 v. Chr. In dieser Entwicklungsstufe gab es wahrscheinlich nur wenig konstruktive Unterschiede und keine etwa schon differenzierten Hauslandschaften. Auch für die nächstfolgende Hausgeneration mit aufgehenden Traufwänden und First- sowie Fußpfetten (oder Wandrähmen) bei Hauslängen bis zu max. 5 m, die noch ohne Mittenunterstützung auskamen, kann noch für die niederdeutschen, mitteldeutschen und oberdeutschen Häuser davon ausgegangen werden, daß keine großen Unterschiede bestanden.

Tab. 1:
Fachwerkentwicklung in Nieder-, Mittel- und Oberdeutschland in Stichworten

Niederdeutsches Fachwerk	Mitteldeutsches Fachwerk	Oberdeutsches Fachwerk
Zweiständerbauten basieren auf einem tragenden Innengerüst, bei Vierständerbauten und städt. Fachwerk tragen Innengerüst und Außenwände. Die Geschoßbauten reichen noch weit in das 16. Jh. Die Standardgrundrisse sind auf Grund des Innengerüstes dreischiffig. Die Wandgefüge sind von Riegeln und Ständern mit hochrechteckigen Gefachen geprägt. Streben kommen seltener vor, da die Gebäude mit den Innengerüsten ausgesteift sind. Früher Fassadenschmuck sind im 15. Jh. Treppenfriese auf den Schwellen der Obergeschosse. Höchste Blüte erreichte der Schmuck in der Renaissance mit Fächerrosetten bis zu über die gesamten Holzflächen reichendem Schnitzwerk.	Tragende Außenwände mit Querschotten und Unterzugssystemen bilden die konstruktive Basis mitteldeutschen Fachwerks. Bis in das 15. Jh. werden die Bauten als Geschoßbauten konstruiert. Ab dem frühen 14. Jh. kommen aber auch bereits Stockwerksbauten vor, die die Geschoßbauten nach und nach ablösen. In den Wandgefügen sind die Ständer bis ins letzte Drittel des 15. Jh. einzeln verstrebt, danach dominiert in den Wänden das Bundsystem, bedingt durch die Aussteifung der Ständer in den Wänden, an die die Querschotten anschließen. Das Fachwerk ist feingliedrig mit geschmückten oder schmückenden Hölzern und/oder Schnitzwerk ab etwa 1450.	Oberdeutsches Fachwerk wird zunächst von der Ständerbohlenbauweise geprägt, Bauten mit in die Ständer eingenuteten Bohlenausfachungen. Die tragenden Hausgerüste sind ähnlich denen im mittleren Deutschland aufgebaut mit Querschotten und Hauszonen. Um 1430 hat das Fachwerk noch weite Ständerstellungen aus der Ständerbohlenbauweise und dadurch bedingt doppelte Rähmhölzer, lange Riegel und kurze Fensterständer zwischen den Riegeln. Auch in den Wandgefügen und dem Schmuckwerk werden zunehmend mitteldeutsche Charakteristiken übernommen, so daß um 1600 keine konstruktiven Unterschiede mehr bestehen.

In der weiteren Entwicklung wurden die Häuser länger und es wurden dabei ein oder mehrere Mittelständer oder -säulen zur Abtragung der Lasten aus dem Firstbaum notwendig. Nach Meinung des Autors könnte der Umgang mit diesen Mittelständern der entscheidende Schritt zu den völlig unterschiedlichen Gefügen Nieder-, Mittel- und Oberdeutschlands gewesen sein. Im Norden wie auch in einzelnen eng begrenzten Regionen Süddeutschlands rückte man die Mittelständer auseinander, machte aus einer zwei Ständerreihen und schuf damit einen dreischiffigen Regelgrundriß, der die Erschließung in der Längsachse verlangte. Im mittleren Deutschland und im Süden band man die Firstständer in Querwände ein, wodurch zwangsweise eine traufseitige Erschließung erfolgen mußte. Gleichzeitig ergab sich daraus die starke Betonung eines weitgehend selbständigen inneren Hausgerüstes der niederdeutschen Hallenhäuser und die Einheit der Außenwände mit den Querbund(innen)wänden des mittel- und oberdeutschen Hauses.

Aus beiden Konstruktionslinien entstanden Regelgrundrisse und Regelkonstruktionen für die verschiedenen Hauslandschaften, deren Entwicklung bis in unser Jahrhundert hinein kontinuierlich verlief. Im nachfolgenden Text können nur die Hauptlinien verfolgt werden. Alle Variationen sowie die Entwicklung von Seitenlinien, wie z.B. bei den Cruckkonstruktionen, den Gulfhäusern, den Umgebindehäusern oder den Einhäusern im Schwarzwald werden insbesondere zur Klarheit der Darstellung außer acht gelassen.

Abb. 7:
Zweiständerbau in Hochrähmverzimmerung. (Modell: Hans Tisje, Neu-Isenburg)

1.2.1 Niederdeutsche Hallenhäuser

Niederdeutsches Fachwerk findet sich nördlich von Diemel und Sieg sowie dem Harz bis zur Nord- und Ostsee, im Osten bis nach Mecklenburg und Brandenburg und im Westen bis in die Niederlande.

Aus den Konstruktionen mit auseinandergerückten Ständern entwickelte sich das klassische Zweiständergerüst, zunächst in Hochrähmkonstruktion, d.h. mit weit unter dem - auf den Ständerköpfen aufliegenden - Rähm angeordneten Ankerbalken. Mit den mehr zum Rähm hin angeordneten Anker- oder Dielenbalken entstand die Oberrähmverzimmerung und schließlich wurde bei der Unterrähmverzimmerung das durchgehende Rähm auf die Zapfen der Ständerköpfe aufgesetzt und die Balken wiederum auf das Rähm aufgedollt. Die Gebinde oder Binder aus zwei Dielenständern und dem Dielenbalken wurden in Abständen zwischen ca. 2,50 - 3,50 m hintereinander aufgereiht und durch die Rähme miteinander verbunden. Während bei der Hoch- und Oberrähmverzimmerung zwangsweise Ständer, Balken und Sparren mit gleichen Abständen in einer Ebene liegen mußten, konnte man bei der Unterrähmverzimmerung die Balken und Sparren unabhängig vom Ständergerüst anordnen. Das meist aus sehr kräftig dimensionierten Hölzern bestehende Innengerüst wurde mit Kopfbändern zwischen Ständern und Balken quer und Kopfbändern zwischen Ständern und Rähmen längs ausge-

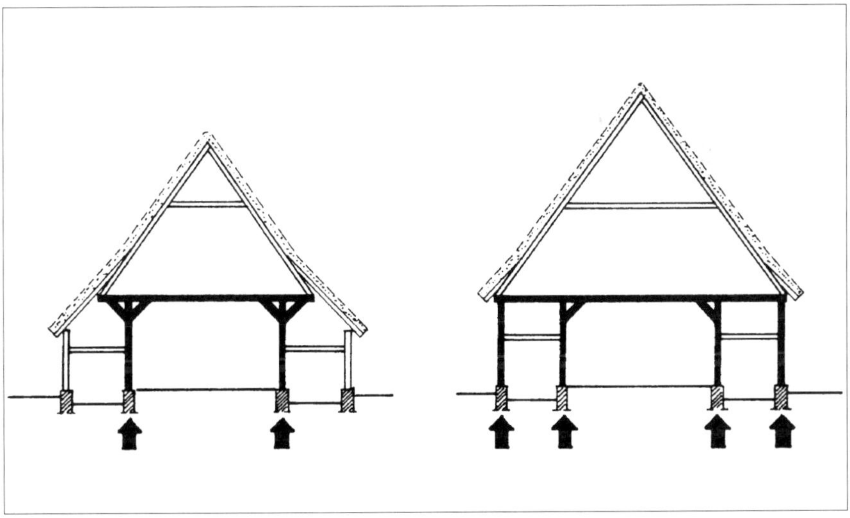

Abb. 8:
Schematische Darstellung der Lastabtragung in einem Zwei- und Vierständerbau.
[OTTENJANN 1944]

steift. Die Seitenschiffe wurden derart gebildet, daß im Abstand der Tieraufstellung von den Dielenständern nach außen niedrige Seitenwände errichtet wurden, deren Rähme mittels Balken (Einzügen) an den Hauptständern befestigt sind. Das Dach der Seitenschiffe (Kübbungen) wird durch Auflanger oder Aufschieblinge auf das Hauptdach gebildet. Aus dem konstruktiven Aufbau wird dabei deutlich, wie dominierend im Zweiständerbau das Innengerüst trägt, wie es ausgesteift ist und weiter, wie gering die Außenwände z.B. zur Aussteifung oder zum Abtragen von Lasten beitragen.

Durch die Erhöhung der Außenwände auf die Höhe der Dielenbalken, von Außenwand zu Außenwand über die beiden Dielenständer durchlaufende Dielenbalken und auf den Außenwänden auflagernde Dächer wurde der Vierständerbau entwickelt. Die Erhöhung der Seitenschiffe ermöglichte dabei die Aufteilung dieser Schiffe in zwei Geschosse (im Erdgeschoß Tieraufstallung, im Obergeschoß Kammern).

Ein Dreiständerbau stellt praktisch eine Mischkonstruktion, auf der einen Seite aus der Vierständerkonstruktion, auf der anderen aus der Zweiständerkonstruktion, dar.

Das niederdeutsche Haus bildet mit seiner Dreischiffigkeit eine Art Halle und wird deshalb als »Niederdeutsches Hallenhaus« bezeichnet. Es ist im Normfall ein Einhaus: die drei Funktionen, Wohnung, Stall und Erntelager befinden sich unter einem Dach. Der Regelgrundriß wird praktisch ohne große Varianten durch die Konstruktion vorgegeben. Von der Straße aus erreicht man

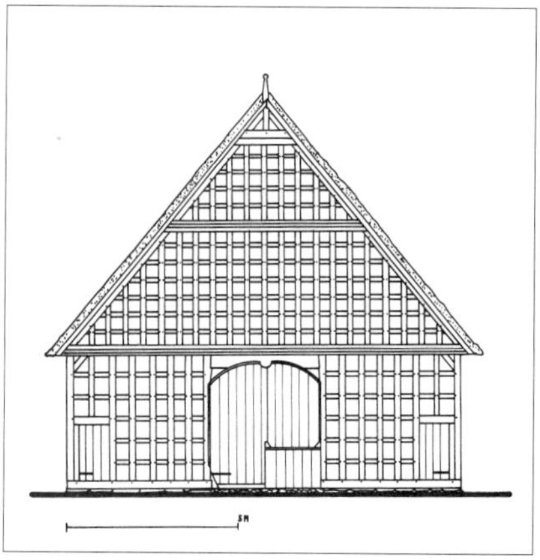

Abb. 9 und 10:
Straßengiebel eines Zweiständerbaus mit Halbwalm aus dem Jahre 1650 und eines Vierständerbaus mit Steilgiebel aus dem Jahre 1801. (Zeichnung: Deutsches Zentrum für Handwerk und Denkmalpflege, Gerner/Knesch)

Abb. 11:
Niederdeutsches Fachwerkwandgefüge der Renaissance mit dem typischen Schmuckmotiv der Fächerrosetten in Osterwieck/Sachsen-Anhalt.

durch das Dielentor, dessen Höhe und Breite von der Größe eines beladenen Heuwagens bestimmt werden, die hohe Halle zwischen den Dielenständerreihen, die Diele. Diese Diele dient zum Einfahren und Abladen der Ernte, zum Arbeiten, wie z.B. zum Dreschen, aber auch zum Feiern. In den Kübbungen rechts und links der Diele sind die Tiere, insbesondere die Kühe mit dem Kopf zur Diele aufgestallt. Bei den Zweiständerbauten diente der Platz über den Tierställen zur Gerätelagerung, beim Vierständerbau sind meist Kammern angeordnet. Im Anschluß an die Diele folgt quergelagert und über die Breite der Kübbungen bis an die Außenwände reichend das Flett, der Herdraum zum Kochen und Heizen, der auch als Erschließungsraum mit Türöffnungen in beiden Traufwänden dient. Das offene und später im Herd gehaltene Feuer war mit der Stallwärme die Heizquelle. Der Rauch räucherte die über dem Herd hängenden Fleischwaren, beizte aber auch die Ernte im Dachraum und das gesamte Holzwerk. Dadurch war ein permanenter Holzschutz gewährleistet. Den Raum zwischen Flett und rückseitigem Giebel füllte das Kammerfach, die Wohnung des Bauern oder Bürgers. Da die Wohnräume nicht die Höhe der Diele benötigten, wurde das Kammerfach oft zweigeschossig eingerichtet. Der gesamte Dachraum diente als Erntelager. Zum Dreschen oder Füttern wurden die Garben durch eine Öffnung in die Diele geworfen.

Abb. 12:
Darstellung der Entwicklung des niederdeutschen Fachwerks in einer Wand: links um 1450, Verstrebung nur mittels Fußbändern, Riegel noch über den Ständern angeblattet. Rechts 16. und 17. Jahrhundert, mit verzierten Fußwinkelhölzern bzw. Brüstungsplatten und stark profilierten Rähmschnitzereien. (Zeichnung: Gerner)

Abb. 13:
Haus in Goslar/Niedersachsen, Marktstraße 1. Ein typisches, städtisches, gotisches Fachwerk in Niederdeutschland.

Bereits im 18., mehr noch im 19. Jahrhundert, genügten die praktisch in einem Raum angeordneten Ställe mit der Küche nicht mehr dem Komfortbedürfnis und es wurden Trennwände zwischen den Ställen und dem Flett angeordnet. Durch die Anordnung dieser Wände und die Verwendung von Teilbereichen der Kübbungen für weitere Wohnräume, z.B. Gesindekammern oder getrennte Arbeitsräume, wie Milch- und Butterkammern, wurden die ursprünglich sehr klaren Grundrisse verwischt. Nur in Freilichtmuseen sind die deutlichen Abhängigkeiten der Konstruktion und des Grundrisses beim Zwei-, Drei- und Vierständerbau zu erkennen.

Die Entwicklung niederdeutscher Stadthäuser ging etwas andere Wege. Die vielfach anzutreffenden Dielentore und Dielen belegen aber bereits, daß ein Großteil der Entwicklung sich aus den ländlichen Hallenhäusern ableitete. Insbesondere wurde auf Vier- oder Dreiständerkonstruktionen ein weiteres oder weitere Geschosse aufgesetzt und so dem vermehrten Bedarf nach Wohnungen entsprochen. Durch die Verwendung von Kübbungen zu Wohnzwecken verlagerten sich die Wohnräume zur Straße hin. Mit den Anbauten von Utluchten wurde dies noch besonders herausgestellt. [JOHANNSEN 1974] [KASPAR 1978] [HANSEN/KRAFT 1980] [STENDER 1978]

1.2.2 Fachwerk in Mitteldeutschland

Mitteldeutsches (früher fränkisch genanntes) Fachwerk findet sich in Hessen, Rheinhessen, im Osten ganz Thüringen umfassend, und im Westen bis zum Elsaß reichend. Die nördliche Grenze des Verbreitungsgebietes ist wiederum die Linie Sieg/Diemel und die Berge des Harzes, die Südgrenze liegt etwa in Höhe des Neckars.

In Mitteldeutschland (und mit geringen Varianten auch im gesamten Süden) wurde der oder wurden die Mittelständer in Querbundwänden aufgenommen (eingebunden) und bei durchgehend sehr viel kleineren Grundrissen baute man auch auf dem Lande schon früh durchgängig zweigeschossig und trennte die Funktionen Wohnung/Stall sowie Erntelager auch meist in verschiedene Gebäude.

Aus dem eingeschossigen, zweizonigen Haus (Ern- und Wohnteil) entwickelten sich über Kniestockkonstruktionen in Oberrähm- und/oder Hochrähmverzimmerung zwei-, drei- oder viergeschossige Ständerbauten, anfangs noch mit durchgehenden Firstständern und meist zwei oder drei Zonen. Es entstanden dabei feste konstruktive Einheiten aus den Außenwänden und inneren Gerüstteilen. Die Bundwände als Querschotten teilen die Häuser in hintereinander aufgereihte Zonen. Die Erschließung konnte dabei zwangsweise nur von der Traufseite erfolgen. Die Abmessungen der Häuser wurden wie beim Hallenhaus von den möglichen Holzdimensionen, insbesondere aber von den wirtschaftlichen Spannweiten und höchstmöglichen Durchbiegungen bestimmt.

Die Geschoßtrennung der Ständerbauten erfolgte durch – mittels Zapfenschlössern – in die ca. 2 bis 4 m weit auseinanderstehenden Ständer eingeschossenen unterzugähnlichen Ankerbalken. Die eigentlichen Balkenlagen der Geschosse wurden dabei fast immer traufparallele Längsbalkenlagen, während die Dachbalkenlage aus querliegenden Balken auf das Rähm, den Rahmen auf dem oberen Ende der Ständer, aufgekämmt oder aufgedollt wurde. Querbalkenlagen in den Geschossen z.B. derart, daß zwischen den von Ständer zu Ständer reichenden Ankerbalken, Balken die auf Riegeln der Außenwände aufliegen eingefügt wurden, kommen bei Ständerbauten seltener vor. Bei größeren Spannweiten wurden die Ankerbalken durch einen Mittenunterzug unterstützt. Bei den Längs- und Queraussteifungen ist die lange Entwicklungsphase der Verstrebungsformen nach Aufgabe der »eingespannten« Pfostenbauten zu erkennen. Es kommen Kopfbänder, aber auch aufgeblattete Schwertungen über mehrere Geschosse und Schwertungs- bzw. Strebenkreuze über mehrere Geschosse vor.

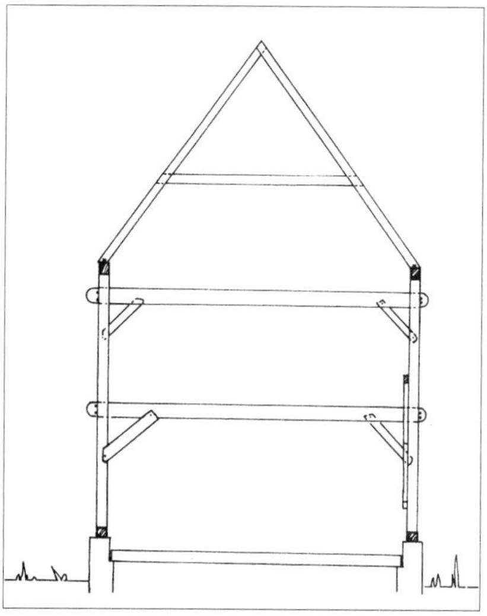

Abb. 14:
Schnitt durch das Haus Wordgasse 3 in Quedlinburg/Sachsen Anhalt, einem typischen Bau in Geschoßbauweise und Hochrähmkonstruktion. (Zeichnung: Deutsches Zentrum für Handwerk und Denkmalpflege, Schleicher)

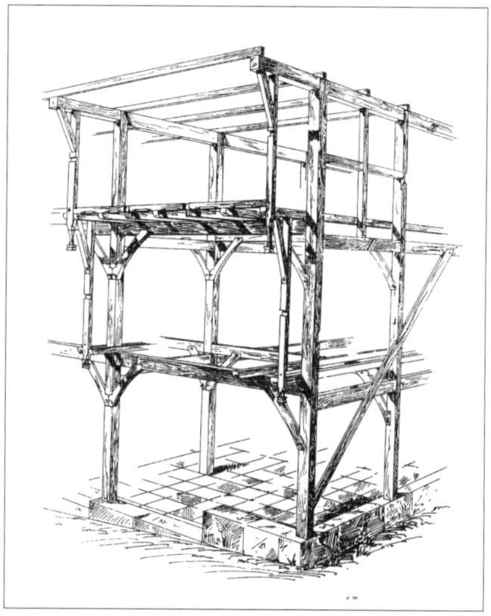

Abb. 15:
Das „Schäfer'sche Haus", um 1320 in Marburg/Hessen errichtet, ein dreigeschossiger Geschoßbau mit Auskragungen auf der Giebelseite. [SCHAEFER 1981]

Mehrgeschossige Ständerbauten, wegen der »eingeschossenen« Balken als Geschoßbauten bezeichnet, besaßen eine Reihe von Nachteilen. Die Gebinde bis zu ca. 12 m Höhe bei Holzdimensionen bis ca. 0,35 x 0,35 m waren schwer und nur mit vielen Hilfskräften aufzuschlagen, die Bauten ließen konstruktiv vernünftig nur an den Giebelseiten Stockwerksauskragungen zu, die zum Vergrößern der Flächen in den durch Mauern begrenzten Städten dringend notwendig waren. Zudem ist die Konstruktion der Ständer mit eingeschossenen Balken als »Träger auf zwei Stützen« ohne Auskragungen wegen des großen Biegemomentes statisch-wirtschaftlich denkbar ungünstig. Darüber hinaus waren die für die Ständer notwendigen langen geraden Hölzer in kräftigen Dimensionen zunehmend schwerer zu beschaffen. Um 1300 begannen die Zimmermeister deshalb eine neue Konstruktionsart zu entwickeln, den Stockwerksrahmen- oder Stockwerksrähmbau, im Unterschied zum Geschoßbau mit Stockwerksbau bezeichnet.

Die Veränderung gegenüber dem Geschoßbau besteht darin, daß alle senkrechten oder schrägen Hölzer nur stockwerkshoch ausgebildet, die stockwerkshohen Ständer und Streben oben mit einem »Rahmen« abgeschlossen werden und auf diesen Rahmen eine Balkenlage, die mittels Verlängerungen über die Traufwände und Stichen an den Giebelseiten nach allen Seiten aus-

Abb. 16:
Haus Unter den Krämen 12 in Fritzlar/Hessen: Zwei Geschosse in Geschoßbauweise, ein aufgesetztes Geschoß in Stockwerksbauweise mit starken Bezügen zu niederdeutschem Fachwerk.

kragend ausgebildet werden konnte, verlegt wurde. Die Entwicklung erfolgte nicht mit einem Schlage, sondern sehr allmählich. Bis 1500 entstanden zahlreiche Mischkonstruktionen, z.B. in Form von Gebäuden mit zwei Ständergeschossen und einem »aufgestockten« Stockwerksrähmgeschoß. Mit den Scheunen hat sich die Ständerbauweise bis in unser Jahrhundert hinein erhalten.

Ab 1500 setzte sich aber im Wohnbau der Stockwerksrahmen allgemein durch. Grundriß-, Haus- und Stubengrößen wurden dabei immer noch von den wirtschaftlich einzusetzenden Holzdimensionen geprägt. Der Regelgrundriß für das ländliche Bürger- und Bauernhaus war dabei dreizonig, bei Hauslängen zwischen ca. 11 bis 15 m. Die Hausbreiten betrugen 6 bis 8 m bei Verwendung eines Unterzuges unter den immer quer zum First angeordneten Balkendecken. Bei zwei Unterzugsreihen sind Hausbreiten von 8 bis ca. 13 m (selten) möglich. Die Unterzüge werden von den Giebel- und Querbundwänden abgetragen. Das oder die über dem Erdgeschoß errichteten Geschosse weisen die gleichen Konstruktionsmerkmale aus.

Bei den meist giebelständigen Häusern wurde im Erdgeschoß die zur Straße liegende Zone zur »guten Stube«, die mittlere Zone diente der Erschließung und als Küche, während die hintere Zone einer oder durch eine Fachwerkwand unter dem Unterzug getrennten zwei Kammern Fläche bot.

Abb. 17:
Haus Römer 1 in Limburg/Hessen mit Fachwerk aus drei Epochen. Ganz rechts der älteste Teil mit über drei Geschosse reichenden Ständern aus dem Jahre 1294, links der »jüngere« Anbau um 1500 und der Turm sowie die Galerie aus jüngster Zeit.

Die Auskragungen erreichten in der Spätgotik ihre größte Ausladung bis zu ca. 70 cm pro Stockwerk und mußten durch Knaggen unterstützt werden. Insbesondere wegen der Brandgefahr, aber auch wegen der schlechten Belichtungsverhältnisse in den Städten wurden die Überhänge durch fortlaufend verschärfte Bauordnungen (wobei auf den Einfluß der Forst- und Bauordnungen auf die Fachwerkbauweise allgemein hier besonders hingewiesen wird) [GERNER 1994] zunehmend zurückgenommen, so daß im Barock meist nur noch Auskragungen bis zu ca. 12 cm vorkommen und bei klassizistischen Bauten schließlich Überhänge die seltenen Ausnahmen bilden.

Bei den dreizonigen Wohnhäusern mit dem geschilderten Regelgrundriß wurden die Höfe in Zwei-, Drei- oder Vierseitform (L-, U- oder Rechteckform) durch weitere Gebäude, welche die anderen Funktionen aufnahmen, wie Ställe, Scheunen, Remisen, Backhäuser und Altenteile gebildet. In den wirtschaftlich ärmeren Gegenden wie in allen Mittelgebirgshochlagen bildete sich daneben eine andere Form des Einhauses heraus: das Hübner-, Heuerlings- oder Tagelöhnerhaus. Ein- und zweigeschossige Häuser dieser Art mit relativ kleinen Räumen sind so ausgebildet, daß z.B. bei dreizonigen Häusern

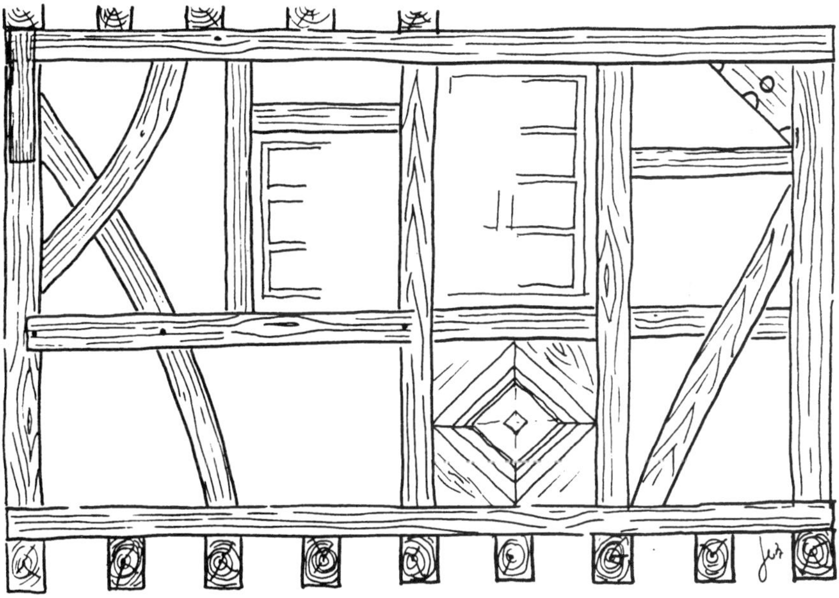

Abb. 18:
Die Entwicklung mitteldeutschen Fachwerks, in einer Wand dargestellt: links Fachwerk um 1500 mit gebogener Strebe und Gegenstrebe, der Riegel noch aufgeblattet. Rechts Fachwerk nach 1600 mit der Hälfte eines »Mannes« und Rautenfüllung in der Fensterbrüstung. (Zeichnung: Gerner)

Abb. 19:
Typische kleinstädtische barocke Fachwerkbauten in Butzbach/Hessen.

Abb. 20:
Im mitteldeutschen Raum entwickelten sich besonders viele regionale Eigenarten, wie das sogenannte Leiterfachwerk in Thüringen.

die hintere Zone schon als Stall genutzt wird. In anderen Fällen sind an den dreizonigen Wohngrundriß eine oder zwei Zonen als Stall und/oder Scheune angefügt.

Auch bei den Stadthäusern sind Traufenhäuser die Ausnahme. Die giebelständigen Häuser mußten in den Städten eng nebeneinander gestellt werden. Die schmalen Zwischenräume, die Traufgassen eigneten sich dann aber nicht als Zugänge, deshalb wurde die Erschließung nicht mehr von der Seite in die mittlere Zone vorgenommen, sondern führte im Erdgeschoß von der Giebelseite ins Haus. Da die Erdgeschosse als Läden oder Werkstätten ohnehin anders genutzt wurden, war es meist nicht schwer, einen Gang bis zur mittleren Zone mit dem Treppenhaus anzulegen. Insgesamt konnten in den Städten die Grundrisse wegen der Parzellengröße und vor allem der meist schiefen Parzellenform kaum den Regeln entsprechend erstellt, sondern es mußten Einzellösungen gefunden werden. [LAUFFER 1910]

1.2.3 Oberdeutsches Fachwerk

Oberdeutsches Fachwerk findet sich im Raum südlich des Neckars bis in die Schweiz, nach Osten bis zum Böhmerwald und nach Westen bis zum Schwarzwald. Die oberdeutsche Hauslandschaft ist regional sehr unterschiedlich strukturiert. Herausragende Haustypen sind Oberschwabenhaus,

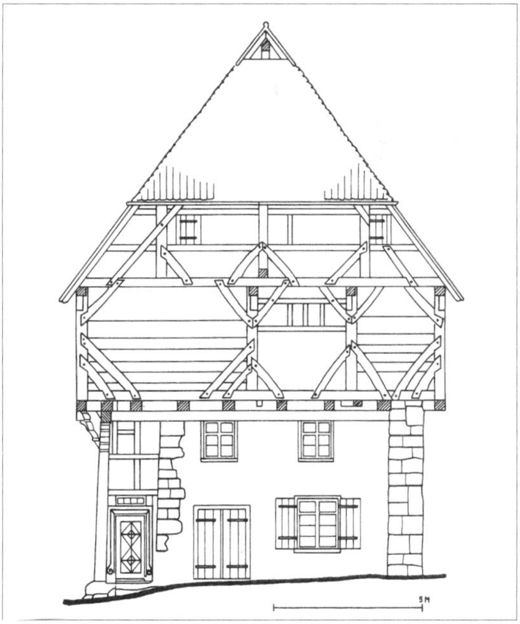

Abb. 21:
Das Schoberhaus in Pfullendorf/ Baden Württemberg aus dem 14. Jahrhundert mit einer Ständerbohlenkonstruktion. (Zeichnung: Deutsches Zentrum für Handwerk und Denkmalpflege, Gerner/Knesch)

Bodenseehaus, Schwarzwaldhaus und alpenländische Haustypen. Als Vorläufer »echten Fachwerks« finden sich vom Bodensee bis zum Neckar noch im 14. Jahrhundert zahlreiche Ständerbohlenbauten. Bei diesen Konstruktionen stehen die mit senkrechten Nuten versehenen Ständer etwa 3 bis 6 m auseinander. In die Nuten der Ständer sind von oben ca. 10 bis 12 cm dicke Bohlen eingeschoben.

Aus dem Wechsel vom Ständerbohlenbau zum Fachwerkbau entwickelte sich im 15. Jahrhundert zwischen Markgröningen, Esslingen, Oberschwaben und dem Bodensee die Blüte oberdeutschen Fachwerks. Bei der Ausbildung von Fachwerk wurde die weite Ständerstellung zunächst beibehalten und führte zwangsläufig zu einer Reihe konstruktiver Notwendigkeiten. Zunächst mußte – um zu große Durchbiegungen zu vermeiden – das Rähmholz verdoppelt werden. Weiter mußten die weit auseinanderstehenden Ständer ähnlich den späteren Bundverstrebungen gut horizontal ausgesteift werden. Dies erreichte man durch 4, 6 oder gar 8 Kopf- und Fußbänder an einem Ständer. Weitere Merkmale dieser spezifisch oberdeutschen Fachwerkwandgefüge sind die langen, zwischen die Ständer gespannten Riegel und die nur kurzen, zwischen die Riegel gestellten Fensterständer.

Abb. 22:
Das alte Rathaus in Esslingen/ Baden Württemberg, um 1430 errichtet, mit doppelten Rähmhölzern und einzeln ausgesteiften Ständern. (Zeichnung: Deutsches Zentrum für Handwerk und Denkmalpflege, Gerner/ Knesch)

Eine eindeutige Tendenz zeigt sich wie im mittleren Deutschland: im 14. und 15. Jahrhundert lösten zunehmend Stockwerksbauten die Geschoßbauten ab, ebenso überwiegen die firstparallelen Balkenlagen (in einigen Fällen einschließlich der Dachbalkenlagen) im 14. Jahrhundert. Auch im 13. und 14. Jahrhundert kommen schon Auskragungen von Geschossen (über die Auskragungen auf der Giebelseite von Geschoßbauten mittels vorspringenden Längsbalken hinaus) vor.

Ein Teil der frühen Gefüge zeigt dabei wesentlich mehr Verwandtschaft mit nördlichen Haustypen, z.B. in Form der »Dreischiffigkeit« eines Bad Wimpfener Hauses oder den Gefügeähnlichkeiten zwischen den Häusern Karmelitergasse 3 in Esslingen, Obere Vorstadt 33 in Sindelfingen und Schellgasse 8 in Frankfurt-Sachsenhausen, wie die späteren »klassischen« oberdeutschen Fachwerke. Noch mehr werden Ähnlichkeiten bei den sogenannten »Mantelhäusern«, Häusern mit Innengerüsten, wie Höfstetten, 1368, zu Gulf- und Hallenhäusern sichtbar.

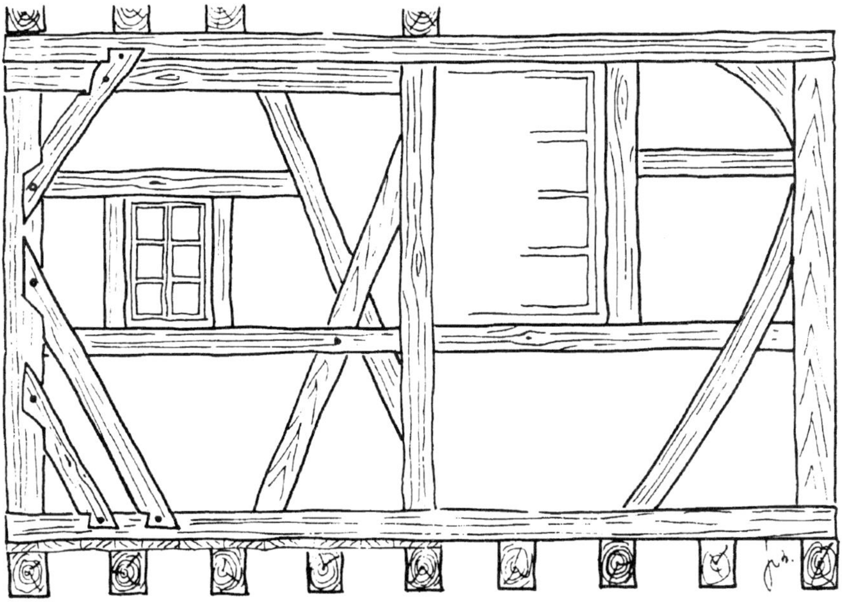

Abb. 23:
Entwicklung oberdeutschen Fachwerks, in einer Wand dargestellt: links, mit angeblatteten Fuß- und Kopfbändern sowie Doppelrähm, zwischen 1400 und 1500. Strebe und Gegenstrebe sind ab 1500 unter fränkischem Einfluß entstanden, der sich dann noch verstärkt hat. Ab 1654 treten Mannformen ähnlich dem halben Mann rechts auf. (Zeichnung: Gerner)

Um 1600 hatte man in Süddeutschland alle konstruktiven Merkmale aus dem mittleren Deutschland übernommen und die weiteren Entwicklungen sind bis auf wenige regionale Ausnahmen mit dem Fachwerk im mittleren Deutschland gleichzusetzen.

Abb. 24:
Das Baumannsche Haus in Eppingen/Baden Württemberg aus den Jahren 1582/83 zeigt kaum noch Unterschiede zum mitteldeutschen Fachwerk.

1.2.4 Entwicklungsmarken

Die frühesten Fachwerkbauten wurden haushandwerklich hergestellt. Vor der Zeitenwende war aber auch der Beruf des Zimmermanns schon bekannt. Zimmermeister, in den Städten in Zünften organisiert, entwickelten den Fachwerkbau Deutschlands im Mittelalter zur höchsten Blüte. Fachwerk war bis in das 17. Jahrhundert die fast ausschließliche Bauweise. Die Handwerkskunst der Zimmerer zeigt sich in Fachwerkstädten und Fachwerkgebäuden, aber auch in den Details und den Werkspuren wie den Abbundzeichen. [GERNER 1996]

In der Gesamtentwicklung fallen einige Marken in der Gefügekonstruktion besonders auf. Fachwerk entwickelte sich in Mitteleuropa aus vorgeschichtlichen Flechtwerkbauten und Ständerbohlenbauten. Die frühesten erhaltenen Fachwerkgebäude stammen aus dem Ende des 13. Jahrhunderts. Nach 1300 setzte der Wechsel von den Geschoß- zu den Stockwerkskonstruktionen ein. Durchgehende Schwellen sind bereits um 800 n. Chr. bekannt, aber auch im 19. Jahrhundert kamen noch Schwellriegelkonstruktionen vor. Bis ca. 1470 blieben die Wandkonstruktionen »mittelalterlich«, zur Aussteifung dienten Kopfbänder, Fußbänder und Schwertungen. Zwischen 1470 und 1550 gab es eine »Übergangszeit«, in welcher die Einbindungspunkte der Querbundwände und die Ständer unter den Unterzügen in den Giebeln mit wandhohen oder dreiviertelwandhohen Streben – der sogenannten Bundverstrebung gegenüber der mittelalterlichen Einzelverstrebung aller Ständer – verstrebt wurden. Mitte des 16. Jahrhunderts wurden die Blattverbindungen weitgehend aufgegeben und durch Zapfen ersetzt. Mit der Einführung der Mannform bei den Verstrebungsfiguren in der zweiten Hälfte des 16. Jahrhunderts – erstmals am Zehnthaus in Reichelsheim 1554 und am Melsunger Rathaus 1556 – war die gesamte konstruktive Entwicklung des Fachwerks praktisch abgeschlossen. Danach änderten sich nur noch Stilmerkmale und der Schmuck.

Abb. 25:
Fachwerk mit ausgesprochen klassizistischen Merkmalen in Halberstadt/Sachsen Anhalt.

In der Mitte des 18. Jahrhunderts ging der Fachwerkbau zugunsten von Steinbauten stark zurück und erlebte 150 Jahre später mit gründerzeitlichen Fachwerkbauten, besonders Fachwerkobergeschossen oder Fachwerkgiebeln, noch eine kurze Renaissance.

1.3 Baustoff Holz

Für die Entwicklung und Konstruktion von Fachwerk gehören die Eigenschaften der verwendeten Hölzer zu den wichtigsten Faktoren. Verschiedene Merkmale, wie die Holzgüte, Lebensdauer und Widerstandsfähigkeit, lassen sich durch geeignete Maßnahmen bei der Holzgewinnung sowie bei der Pflege und Bauunterhaltung beeinflussen, d.h. verbessern. Bedingt durch die Zellstrukturen, Wuchseigenschaften und z.B. Trockenrisse ist Holz ein inhomogener und stark hygroskopischer Baustoff. Das Quellen und Schwinden unter dem Einfluß von Feuchte gehört zu den entscheidenden Einflußgrößen bei der Wahl der Materialkombinationen und Konstruktionen.

1.3.1 Wuchsmerkmale und Zellstruktur

Holz ist das von der Rinde und dem Kambium umschlossene Gewebe der Bäume, das überwiegend aus langgestreckten, hohlen und zu Fasern gebündelten Zellen besteht.

Die wichtigsten Elemente und Funktionen – im Stammquerschnitt – sind:

Die Borke oder Außenrinde, der abgestorbene Teil der Rinde, der den Baum gegen Austrocknen, aber auch gegen mechanische Einflüsse von außen schützt.

Der Bast oder die Innenrinde ist der lebende Teil der Rinde, der für den Nährstofftransport, wie Traubenzucker und Stärke, von oben nach unten sorgt.

Kambium heißt die Wachstumszellschicht, die nach innen Holzzellen und nach außen Rindenzellen produziert. Das Kambium kann z.B. Wundstellen im Holz überwallen. Im Frühjahr und Sommer werden bei Nadelhölzern dünnwandige Frühholzzellen und im Herbst dickwandige Spätholzzellen produziert. Laubhölzer, insbesondere ringporige Holzarten, wie die Eiche, bilden im Frühjahr die großlumigen Leitzellen (Gefäße) und während des ganzen Jahres Stütz- und Speicherzellen.

Das Splintholz besteht aus den äußeren, jüngeren Jahrringen und dient dem Wasser- wie Nährstofftransport.

Kernholz nennt man die verkernten Jahresringe. Dabei handelt es sich um abgestorbenes Gewebe, welches insbesondere der Festigkeit des Baumstammes dient und nicht mehr zum Nährstofftransport beiträgt. Holzinhaltsstoffe, wie Harze, Fette und Gerbstoffe sind im Kernholz eingelagert. Kernhölzer mit Farbstoffeinlagerung, wie Eichenholz, werden als Farbkernhölzer bezeichnet, Kernhölzer ohne eine dunklere Färbung, wie Fichte und Tanne, heißen Reifhölzer.

Die Holzstrahlen (Markstrahlen) verbinden die Markröhre bzw. die Holzsubstanz mit der Rinde und haben vorwiegend Speicherfunktionen sowie Querleitfunktionen.

Mark / Markröhre heißt die abgestorbene in der Mitte des ersten Jahresringes liegende Sproßachse.

In Form des Kambiums wird direkt unter Rinde und Bast jährlich eine neue Schicht von Zellen aufgebaut, und zwar werden zu Beginn jeder neuen Wachstumsphase, d.h. im Frühjahr und Sommer bei Nadelhölzern zunächst große dünnwandige Holzzellen, das sogenannte Frühholz gebildet und anschließend im Spätsommer, Herbst und Winter bei langsamerem Wachs-

Abb. 26:
Geviertelte Kiefernstammscheibe eines Mitte des 17. Jahrhunderts gefällten Stammes mit deutlicher Jahrringstruktur, intaktem Kern und dem helleren von tierischen Schädlingen angegriffenen Splintholz.

tum kleinere und dickwandigere Zellen. Das Früh- und Spätholz ist bei den meisten Nadelholzarten durch unterschiedliche Färbung innerhalb der Jahresringe (Frühholz heller, Spätholz dunkler) zu unterscheiden. Dabei ist der Übergang vom Früh- zum Spätholz allmählich, während vom Spätholz zum Frühholz durch die Unterbrechung der Wachstumsphase eine abrupte Veränderung festzustellen ist, die Grenze eines Jahresringes zum nächsten Jahresring. Stärke und Beschaffenheit der Jahresringe sind abhängig von den Wachstumsbedingungen.

Langsamer gewachsenes Holz mit dementsprechend engeren Jahresringen erreicht oft eine höhere Festigkeit als in günstigem Klima mit viel Feuchtigkeit schnell gewachsenes Holz mit breiten Jahresringen; entscheidend ist der Anteil des festeren Spätholzes. Die zuletzt gewachsenen äußeren Jahresringe, das Splintholz, sind häufig weicher als die inneren verkernten Jahresringe. Bei Eichen- und Kiefernholz ist der Kern deutlich dunkler gefärbt als die Splintholzjahresringe. Bei anderen Hölzern, wie Fichte, lassen sich trotz unterschiedlichen Feuchtegehaltes und unterschiedlicher Resistenz gegen tierische und pflanzliche Schädlinge kaum Farbunterschiede zwischen Kern und Splint feststellen.

Als Bauholz diente im wesentlichen Eichenholz, aber auch Fichte und Tanne. Diese Holzarten haben ausgewogene, gute statische Eigenschaften, sind leichte Baustoffe und lassen sich leicht bearbeiten. Andere Holzarten, die ebenfalls häufig in unseren Wäldern vorkommen, eignen sich weniger gut oder gar nicht als Konstruktionsholz, wie z.B. Linde und Ahorn oder Buche, die leichter zu Brüchen neigt, schneller von biotischen Schädlingen zerstört wird und schwerer bearbeitbar ist. Das gleiche Buchenholz ist aber z.B. als Material für Treppenstufen gut geeignet. Gespaltenes und/oder gebeiltes Holz ist tragfähiger als gesägtes, da weniger Fasern zerstört werden.

Sowohl der Wuchs des Holzes als auch die physikalischen Eigenschaften werden wesentlich von unterschiedlichen Zellen und Zellstrukturen beeinflußt.

Nach ihren Funktionen werden die Holzzellen in Leitzellen, Stützzellen und Speicherzellen eingeteilt. Nadelhölzer sind relativ einfach strukturiert und besitzen anstelle von Leit- und Stützzellen eine Mischform (Tracheiden) sowie Speicherzellen. Die Tracheiden bilden den regelmäßigen Aufbau in Reihen vom Mark zum Kambium.

Laubhölzer sind weiterentwickelt, komplizierter und variantenreicher in ihren Strukturen. Sie bestehen zu weit über 50 % aus Stützzellen sowie ca. 12 % aus Speicherzellen, 15 % Leitzellen und weiteren Gewebeteilen. Die Leitzellen (Tracheen) können bis zu mehreren Metern lang werden.

Die wesentliche Kenngröße für die Beurteilung von Holzarten ist die Rohdichte. Sie ist definiert als Quotient aus Masse und Volumen des Holzes bei einer bestimmten Holzfeuchte.

Die Rohdichte der eigentlichen Holzsubstanz ohne Berücksichtigung des Porenvolumens liegt, für alle Holzarten nahezu gleich, bei ps = 1,55 g/cm^3. Das bedeutet, daß die Rohdichte von Hölzern in linearem Zusammenhang mit dem Porenvolumen steht, was wiederum direkte Einflüsse auf Härte, Verschleißfestigkeit, Festigkeit und E-Modul hat. Die Rohdichte des Holzes ist also mitentscheidend für alle wesentlichen Holzeigenschaften.

1.3.2 Chemische und physikalische Eigenschaften

Holz besteht aus 40 bis 60 % Zellulose, 20 bis 25 % Hemizellulose (Holzpolyosen) und 20 bis 30 % Lignin.

Die Zellulose, der am weitesten verbreitete Naturstoff, bildet das Zellwandgerüst und ist mit seinen langkettigen Molekülen für die Zugfestigkeit verantwortlich. Die Hemizellulose festigt das Zellulosegerüst und sorgt für die Verbindung zwischen Zellulose und Lignin. Das Lignin wirkt wie eine Kittsubstanz und läßt das pflanzliche Gewebe erst zu Holz werden, es umhüllt dreidimensional sowohl Zellulose und Hemizellulose, versteift die Zellwand und beeinflußt wesentlich die Druckfestigkeit.

Nach chemischen Elementen analysiert, bilden die vier Elemente

Kohlenstoff (C)	ca. 50 %
Sauerstoff (O)	ca. 43 %
Wasserstoff (H)	ca. 6 %
Stickstoff (N)	ca. 1 %

die Hauptbestandteile des Holzes.

Der Zellinhalt besteht im wesentlichen aus Luft und Wasser sowie in kleineren Mengen aus Nähr-, Gerb-, Farbstoffen und anorganischen Verbindungen, sogenannten Extraktstoffen in der Größenordnung von 1 bis 5 % im Verhältnis zum Zellwandteil. Der Zellaufbau ist je nach Holzart verschieden, während die chemische Zusammensetzung annähernd gleich ist.

Das Quellen und Schwinden auf Grund von Feuchteveränderungen gehört zu den wichtigsten Charaktermerkmalen des Holzes. Frisch geschlagenes Holz hat etwa 40 bis weit über 100 % Feuchtigkeit, wobei etwa 30 % des Wassers chemisch an die Fasern gebunden sind, während der Rest sich als

Kapillarwasser in den Hohlräumen der Zellen befindet. Bei den Prozentzahlen zur Holzfeuchte sind hier immer Masse-Prozent (M-%) dargestellt, mit Fasersättigungspunkt ist jeweils der gesamte Feuchtegehaltsbereich bei der Fasersättigung zwischen etwa 28 % und 32 % gemeint. Ist das freie Wasser verdunstet, so hat das Holz den sogenannten Fasersättigungspunkt erreicht. Beim weiteren Trocknen unterhalb des Fasersättigungspunktes schwindet das Holz, nimmt es dann wieder Feuchtigkeit auf, quillt es. Da Holz als hygroskopischer Stoff Feuchte sowohl aus der Atmosphäre wie auch aus angrenzenden anderen Materialien aufnehmen kann, ändert sich sein Feuchtegehalt auch ohne direkten Wasserkontakt, wie z.B. Regen. Die Feuchte, die sich auf Grund der relativen Luftfeuchte im Holz einstellt, nennt man Gleichge-

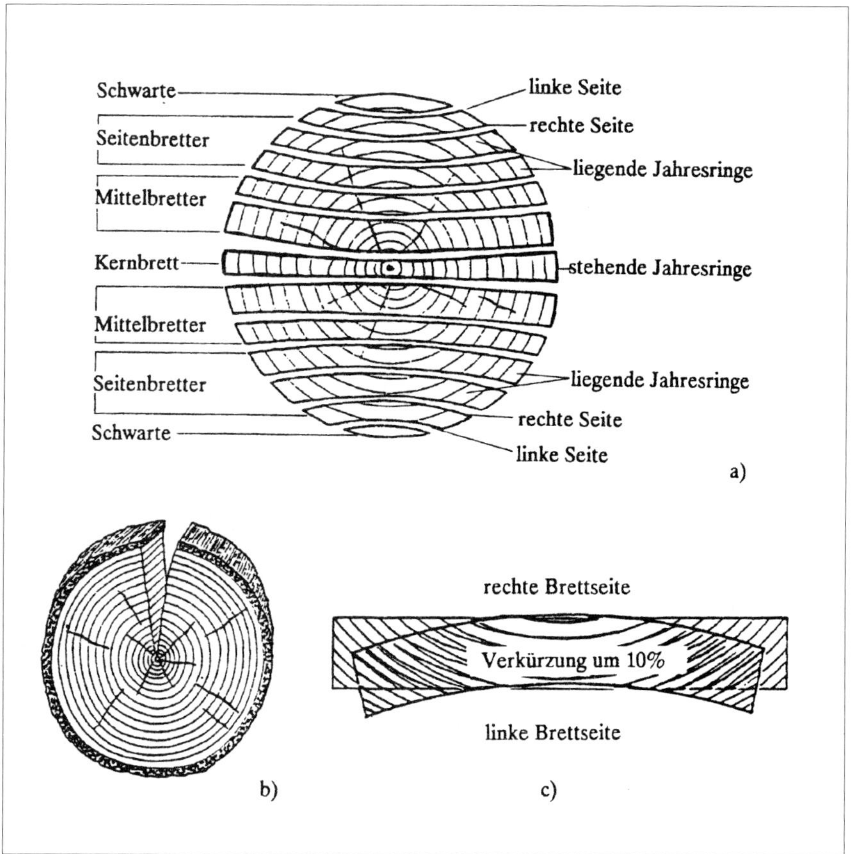

Abb. 27:
Verformungen, die durch Volumenveränderung beim Trocknen (Schwinden) eines zu Brettern aufgetrennten Stammes, einer Stammscheibe und eines einzelnen Brettes oder einer einzelnen Bohle eintreten. [WEISSENFELD 1988]

wichtsfeuchte. Für Reparaturen und Restaurierungsaufgaben sollte neues bzw. neu einzubauendes Holz die Gleichgewichtsfeuchte wie die der bereits vorhandenen Hölzer besitzen.

Im Darrzustand sind alle Hohlräume und Fasern vollkommen wasserfrei. Es kann kein Wasser mehr abgegeben werden. Der Darrzustand ist nur auf künstlichem Weg zu erreichen.

Bei der Fasersättigung sind die Zellhohlräume wasserfrei, aber die Fasern mit chemisch gebundenem Wasser gefüllt. Wenn dieses chemisch gebundene Wasser aus dem Holz austritt, wird durch die Veränderung der chemischen Bindung eine Volumenveränderung verursacht.

Bei der Wassersättigung sind alle Hohlräume in und zwischen den Zellen mit Wasser gefüllt. Es kann kein Wasser mehr aufgenommen werden.

Die durch Feuchteveränderungen bedingten Volumenveränderungen werden häufig neben anderen Bewegungserscheinungen als Arbeiten des Holzes bezeichnet. Das Quellen und Schwinden bei Feuchteveränderungen läßt sich nicht vermeiden und muß konstruktiv berücksichtigt werden.

Die Quell- und Schwindbewegungen sind axial, radial und tangential sehr verschieden. (Abschnitt 3.1.4 »Verhinderung/Vermeidung von Schäden durch zu hohe Holzfeuchte«)

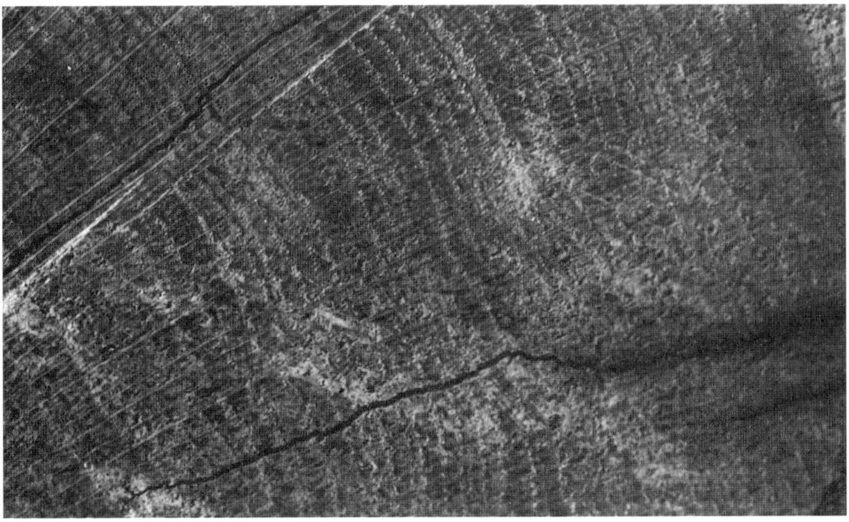

Abb, 28:
Ausschnitt einer Eichenholzstammscheibe (um 1600 gefällt), rechts oben ist deutlich der angeschnittene helle Splintholzanteil zu sehen.

Tab. 2:
Die wichtigsten Bemessungsgrundlagen nach DIN 1052

Elastizitätsmodul parallel zur Faser Eiche, mittl. Güte ≥ GK II Fichte/Tanne GK II	 12.500,0 N/mm² 10.000,0 N/mm²	Rechenwerte, d.h. Mittelwert der Gesamtmenge
Längszugfestigkeit Eiche, mittl. Güte ≥ GK II Zug zul. Fichte/Tanne GK II Zug zul.	 10,0 N/mm² 8,5 N/mm²	
Querzugfestigkeit Eiche, mittl. Güte ≥ GK II Zug zul. Fichte/Tanne GK II Zug zul.	 0,05 N/mm² 0,05 N/mm²	
Druckfestigkeit Eiche, mittl. Güte ≥ GK II Druck zul. Fichte/Tanne GK II Druck zul.	 10,0 N/mm² 8,5 N/mm²	zul. Spannungen inkl. Sicherheitsbeiwert
Biegefestigkeit Eiche, mittl. Güte ≥ GK II Biegung zul. Fichte/Tanne GK II Biegung zul	 11,0 N/mm² 10,0 N/mm²	
Schub- und Scherfestigkeit Eiche, mittl. Güte ≥ GK II Abscheren zul. Fichte/Tanne GK II Abscheren zul.	 1,0 N/mm² 0,9 N/mm²	
Torsionsfestigkeit Eiche, mittl. Güte ≥ GK II Torsion zul. Fichte/Tanne GK II Torsion zul.	 1,6 N/mm² 1,0 N/mm²	

Die mechanischen Eigenschaften sind die für das Holz als Baustoff besonders relevanten Eigenschaften. Sie ergeben sich hauptsächlich aus dem Wuchs (Wuchsbedingungen) sowie den teilweise genannten physikalischen Eigenschaften, wie Holzart, Rohdichte, Feuchte, Faserverlauf und Ästigkeit. Die zahlreichen Faktoren sowie die dadurch bedingte Inhomogenität des Holzes auch innerhalb gleicher Holzarten und sogar innerhalb eines Stammes, bedingen eine weite Streuung der mechanischen Eigenschaften und entsprechende Sicherheitsfaktoren bei allen Bemessungsgrundlagen.

1.3.3 Eichenholz

Eiche kommt heimisch hauptsächlich in zwei Arten, der Sommereiche (Stieleiche) und der Wintereiche (Trauben- oder Steineiche) vor. Die Dichte reicht je nach Art von 0,60 - 0,90 g/cm³. Die Sommereiche, auch Augusteiche, Augsteiche, Stieleiche und Baueiche genannt, wird bis über 50 m hoch, bis zu 2,5 m dick und bis zu 1000 Jahre alt. Das Wachstum hört dabei aber nach 300 bis 400 Jahren praktisch auf. Das Holz ist hart, schwer, fest, zäh und kurzfaserig, anfangs hell und später hellbraun mit deutlich sichtbaren Jahresringen und im Radialschnitt spiegelartig geprägten Markstrahlen. Der Splint bleibt weich und hell. Das Holz der Sommereiche ist ideales Bauholz, im trockenen Zustand jedoch schwer zu verarbeiten. Das Holz hält im ständig trockenen Zustand mehr als 800 Jahre, im nassen Zustand mehr als 1000 Jahre und im Wechsel nur 10 - 45 Jahre.

Die Wintereiche wird bis 35 m hoch, bis zu 2 m dick und 400 bis 600 Jahre alt. Das Holz ist rostgelb, aber leichter brüchig und nicht so zäh wie das der Sommereiche. Die Haltbarkeit ist ähnlich gut wie die der Sommereiche.

Bei dem Werkstoff Eichenholz werden keine Unterschiede zwischen Sommer- und Wintereiche gemacht. Als Bauholz eignen sich nur im Hochwald dicht nebeneinander gewachsene Stämme, während freistehend gewachsene Eichen mit meist nur kurzem Stamm, der sich bald verzweigt, ungeeignet sind. Das kurzfaserige Holzgewebe der Eiche ist hart. Nur bei dauernder Durchfeuchtung ohne richtige Austrocknungsmöglichkeit läßt die Haltbarkeit schnell nach. Wegen seiner günstigen Eigenschaften und langen Haltbarkeit wurde das Eichenholz zum bevorzugten Baustoff für Fachwerke. Eichenholz wird heute für den Holzhandel nur selten als Lagerholz eingeschnitten. Da das meist frische Holz nur bedingt zum sofortigen Einbau geeignet ist, muß besonderer Wert auf die Lagerung und Bereithaltung von trockenem Eichenholz oder Eichenholz aus abgebrochenen Gebäuden für Instandsetzungsmaßnahmen an Fachwerken gelegt werden.

1.3.4 Fichten- und Tannenholz

Die Fichte, auch Tannenfichte, Rottanne, Schwarztanne oder Harztanne genannt, wird in den ersten 70 Jahren ihres Wachstums 27 - 30 m hoch und wächst dann nur noch wenig weiter. Sie kann bis zu 400 Jahre alt werden. Das Fichtenholz ist etwas gelblicher als Tannenholz, hat hohen Harzgehalt und eine Dichte in trockenem Zustand von 0,40 bis 0,50 g/cm^3. Die kurzen, vierkantigen, spitzen Nadeln sitzen auf der Oberseite der Zweige. Fichtenholz eignet sich gut als Bauholz, im trockenen Zustand hält es ca. 900 Jahre, im nassen ca. 90 Jahre und bei abwechselnder Nässe und Trockenheit höchstens 45 Jahre.

Die Tanne ist leicht an den weißen Linien auf der Unterseite der Nadeln zu erkennen. Tannenstämme werden bis zu 45 m hoch, 1,5 m dick, das Holz hat keine Harzgänge, die Dichte beträgt im trockenen Zustand ca. 0,50 g/cm^3. Die Tanne besitzt etwas weniger Tragkraft als die Fichte, dennoch ist Tannenholz gutes Bauholz mit großer Haltbarkeit.

Fichte und Tanne sind zwar zwei verschiedene Baumarten, ihr Holz wird hier jedoch wegen der praktisch gleichen bauphysikalischen Werte zusammen behandelt. Das Holz beider Baumarten ist langfaserig mit langen, nur langsam sich verjüngenden Stämmen, wesentlich leichter als Eiche zu bearbeiten, leichter im Gewicht, aber auch mit geringerer Tragfähigkeit und vor allem kürzerer Haltbarkeit. Fichten- und Tannenholz wird als Nadelschnittholz nach DIN 4074 in Form von Dachlatten von 2,4 x 4,8 cm bis 4,0 x 6,0 cm, Kanthölzern von 6 x 6 cm bis 16 x 18 cm und Balken von 10 x 20 cm bis 20 x 24 cm, als Vorratskantholz oder als Listenware von 6 x 10 cm bis 30 x 30 cm nach Holzliste eingeschnitten. Bretter und Bohlen werden nach DIN 4071 besäumt oder unbesäumt in Dicken bei Brettern von 8 mm bis 35 mm und Bohlen von 40 mm bis 120 mm eingeschnitten.

Weitere Holzarten, wie Buche, Hainbuche, Lärche, Esche und Ulme kommen zwar gelegentlich als nichtmaßhaltige Bauhölzer vor, sind aber viel weniger geeignet oder zu kostbar.

1.3.5 Sortierklassen

Neben Sortierkriterien für Dimension und Güte des Rohstoffes Holz wie der Handelsklassensortierung für Rohholz (HKS) im Forst und den »Tegernseer Gebräuchen« im Holzhandel wird im Bauwesen eine Gütesortierung nach DIN 4074 Teil 1 (9/82) durchgeführt. Seit jüngster Zeit ist auch eine maschinelle Gütesortierung (Ergänzung zur DIN 4074), die noch weitere Sortierklassen ausweist, möglich (Anwendung in EC 5). Die Sortierung von Nadelholz bei visueller Sortierung wird in drei Sortierklassen

S 7: Schnittholz mit geringer Tragfähigkeit
S 10: Schnittholz mit üblicher Tragfähigkeit
S 13: Schnittholz mit überdurchschnittlicher Tragfähigkeit

eingeteilt, wobei die Sortierklasse S 10 dem üblicherweise verwendeten, in DIN 1052 verlangten Bauholz entspricht.

Die Einstufung erfolgt auf Grund genau definierter Wuchsparameter, wie Baumkante, Ästigkeit, Jahrringbreite, Faserneigung, Risse, Verfärbungen, Druckholz, Insektenfraß, Mistelbefall und Krümmung.

2 Untersuchungen

Nach Jahrzehnten, gelegentlich auch Jahrhunderten, unzureichender Pflege und Bauunterhaltung von Fachwerkbauten, aber auch durch fehlerhafte bzw. ungeeignete »Sanierungen« und Baumaßnahmen in den letzten Jahrzehnten weisen zahlreiche Fachwerkbauten Schäden auf. Noch mehr als für andere Materialien gilt für Holz und alle Holzkonstruktionen, daß die Kunst des Sanierens mit der Kunst des Untersuchens beginnt, daß nur auf der Basis einer exakten Untersuchung eine erfolgreiche Sanierung geplant und durchgeführt werden kann, anders ausgedrückt: so wie man nicht vom Arzt erwartet, daß dieser ohne Untersuchung, Analyse und Diagnose mit einer Therapie beginnt, kann man auch Restaurierungen, Reparaturen oder Sanierungsmaßnahmen an Fachwerkfassaden nicht ohne Untersuchung und Schadensanalyse erfolgreich durchführen.

Abb. 29:
Bei verkleidetem Fachwerk muß zur genauen Untersuchung der Holzsubstanz des Fachwerkskeletts unter Umständen auch die Verkleidung teilweise und vorsichtig geöffnet werden.

Für historische Bauwerke wurden dazu Methoden entwickelt, die für die durchgehende Sanierung an der Fachwerkaußenwand etwa folgendes Schema aufweisen:

2.1 Bestandsaufnahme

2.1.1 Ortsbesichtigung / Erste Einschätzung

- visuelle Inspektion,
- Rückschlüsse aus Schrägstellungen, Verformungen von Wänden und Decken, aber auch Verkleidungen wie Schiefer-, Bretter- oder Schindelschirmen,
- Rückschlüsse aus Rissen und Brüchen,
- technische Einschätzung,
- evtl. Notabsicherungsmaßnahmen / Notabstützung.

2.1.2 Sammlung und/oder Auswertung von vorhandenen Unterlagen

- Bauakten,
- Maßaufnahme / Zeichnungen,
- Beschreibungen / Schadensberichte,
- durchgeführte Maßnahmen / Rechnungen,
- Restaurierungsberichte,
- frühere Gutachten.

2.1.3 Baubeschreibung / Bautechnische Untersuchung

Die Beschreibung der Konstruktion, des Bauteils, der Fassade oder des Gebäudes kann unabhängig von der detaillierten bautechnischen Untersuchung oder in Verbindung mit dieser erstellt werden. Bei einer Fachwerkfassade sollte in der Beschreibung wie in der Untersuchung auf folgende Punkte eingegangen werden:

2.1.3.1 Sichtfachwerk

- ursprüngliches Sichtfachwerk,
- Fachwerk später freigelegt,
- Fachwerk zwischenzeitlich verkleidet oder verputzt.

2.1.3.2 Verputztes oder verkleidetes Fachwerk

- Verputz,
- Schieferschirm,
- Schindelschirm,
- Ziegelschirm,
- Brettverkleidungen,
- Verkleidung aus Blechschindeln,
- neuere Verkleidungsmaterialien.

2.1.3.3 Fachwerkkonstruktion

- Geschoßbau,
- Stockwerksbau,
- Mischkonstruktion,
- Schwellriegelbau,
- durchgehende Schwelle,
- Zweiständerkonstruktion,
- Vierständerkonstruktion,
- Ankerbalkenkonstruktion,
- Grundriß in Schiffen,
- Grundriß in Zonen,
- Holzverbindungen, Blätter / Zapfen.

2.1.3.4 Fachwerkwandgefüge

- Außenwände,
- Einzelaussteifung der Ständer,
- Bundverstrebung,
- Oberdeutsches Fachwerkwandgefüge,
- Mitteldeutsches Fachwerkwandgefüge,
- Niederdeutsches Fachwerkwandgefüge.

Die Schäden können wandweise nach Gebäudeteilen und/oder auch in Mängellisten erfaßt werden. Alle Schäden müssen nach Art, Ort und Umfang einzeln aufgeführt werden, damit die Liste sowohl für die planerischen und konstruktiven Überlegungen als auch für die Texte von Leistungsverzeichnissen, die Massen- und für Kostenermittlungen dienen kann.

2.1.4 Zeichnerische Bestandsaufnahme

Fachwerke sind spätestens seit dem Mittelalter handwerkliche Schöpfungen von Zimmermeistern. Die Konstruktionen wurden in der Regel nicht am Reißbrett entworfen, sondern allenfalls skizziert. Auf Grund der Skizzen, gelegentlich auch einfacher Zeichnungen, wurden die originalen Bauhölzer direkt auf der Zulage angelegt und zur Verzimmerung vorgerissen. Dementsprechend gibt es in den seltensten Fällen Entwurfs- oder Ausführungspläne; günstigenfalls liegen bei kunsthistorisch bedeutenden Bauten Bestandspläne oder Aufmaße vor. Mehr als bei den konstruktiv weniger differenzierten Steinbauten ist bei Fachwerken die genaue Kenntnis der Konstruktion, vor allem des inneren Traggerüstes und des ursprünglichen Wandgefüges, unbedingte Voraussetzung für alle Sanierungsmaßnahmen.

Tab. 3: Bauaufnahmegeräte

1.0	**Meßgeräte**	3.3	Winkelprisma
1.1	Gliedermaßstab 2 m	3.4	Meßstäbe, Fluchtstäbe
1.2	Gliedermaßstab 3 m		
1.3	Maßband, mindestens 20 m	**4.0**	**Allgemeine Geräte und Werkzeuge**
1.4	Teleskopm eßstab	4.1	Spitzhammer
1.5	3 m Maßband mit Sichtfeld zur Ablesung lichter Weiten	4.2	Drahtstifte, Stahlnägel, S-Haken
1.6	Profiltaster	4.3	Stemmeisen und Klopfholz
1.7	Schiebelehre und Innenschiebelehre	4.4	Geflochtene Maurerschnüre
		4.5	Taschenlampe
2.0	**Wasserwagen und Lote**	4.6	Kabeltrommel 10 m einschließlich 4-fach Stecker
2.1	Wasserwaage 0,6 m	4.7	Kabeltrommel 50 m
2.2	Wasserwaage 1,0 m	4.8	Holzpflöcke
2.3	Wasserwaage 2,0 m	4.9	Filzstifte, Wachskreide, Tafelkreide, Rolle Tesakrepp
2.4	Schlauchwaage		
2.5	5 verschiedene Lote	**5.0**	**Zeichengeräte**
		5.1	Komplettes Zeichengerät einschließlich Lichttisch usw.
3.0	**Theodolit oder Nivelliergerät**		
3.1	Bautheodolit inkl. Stativ oder automatisches Nivelliergerät mit Teilkreis	**6.0**	**Fotogeräte**
3.2	Baulasergerät, Rotationslaser	6.1	Komplette Kleinbild-Fotoausrüstung
		6.2	Blitzgerät

Sind Aufmaße oder Bestandspläne vorhanden, so ist deren Richtigkeit und Vollständigkeit zu überprüfen, sind keine Unterlagen aufzufinden, so sind nach Untersuchung und genauem Aufmaß detaillierte Bestandspläne, in der Regel ein verformungsgerechtes Aufmaß anzufertigen.

Beim Aufmaß sind die Besonderheiten der Bundseiten zu beachten. Die von Hand gebeilten oder gesägten Hölzer sind ungleich dick und nicht axial verarbeitet, sondern auf einer Seite – der Bundseite – bündig angerissen und verzimmert worden. Es werden deshalb weder die lichten Raummaße noch die Holzachsen, sondern die Bundseiten eingemessen. Die Bundseiten sind durch die grundsätzliche Anordnung erkennbar: Alle Außenwände haben die Bundseite außen, die Innenwände sind auf den dem Eintretenden zugewandten Seiten bündig. Darüber hinaus erkennt man die Bundseiten an den meist gut sichtbaren Abbundzeichen.

Folgende Arten von Aufmaßen kommen in Frage:

- Aufmaßskizze z.B. als Vorbereitung für ein genaues Aufmaß,
- Aufmaß 1:100, etwa mit dem Genauigkeitsgrad der Planunterlagen für die Baugenehmigung,
- Aufmaß 1:50 etwa mit dem Genauigkeitsgrad von Ausführungszeichnungen,
- verformungsgerechtes Aufmaß / Genauigkeitsgrad 1, 2, 3 oder 4,
- fotogrammetrisches Aufmaß,
- Tachymetrie.

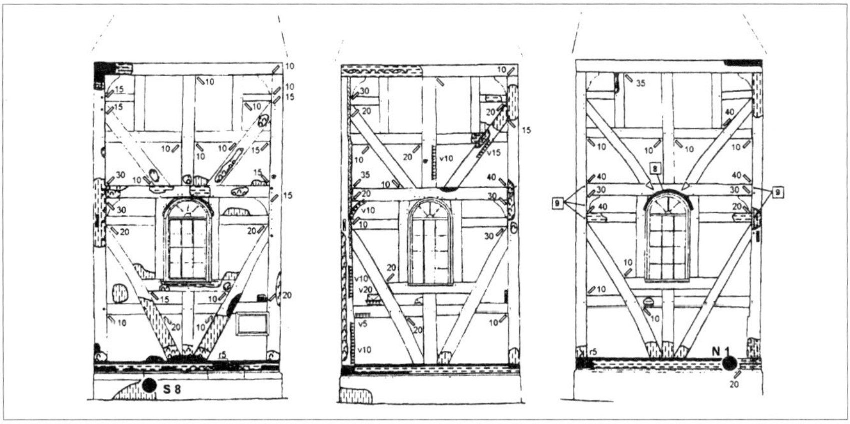

Abb. 30:
Verformungsgerechtes Aufmaß mit Zustandskartierung der drei Chorwände der Kirche Eichelsachsen/Hessen. (Aufmaß: Bingenheimer & Hädler, Zustandskartierung: Deutsches Zentrum für Handwerk und Denkmalpflege) [GESAMTPROJEKTLEITUNG DES VERBUNDFORSCHUNGSPROJEKTES 1994]

2.1.5 Zustands- bzw. Schadenskartierung

Bei allen größeren und differenzierten Schadensbildern ist die grafische Darstellung in Form einer Schadenskartierung unerläßlich. Wichtig ist es dabei, alle konstruktiven Zusammenhänge, Zustände, Materialien und Schäden in Art und Umfang zu erfassen und zweifelsfrei darzustellen. Prinzipiell kann dazu jeder, der ein Fachwerk untersucht, ein eigenes, selbst entwickeltes Markierungs- oder Kartierungssystem verwenden – dies hat aber den Nachteil, daß nur der Autor selbst die Botschaft der verschlüsselten Markierungen entziffern kann. Das Deutsche Zentrum für Handwerk und Denkmalpflege hat deshalb ein – gewissermaßen wie ein Alphabet zu benutzendes – Kartierungssystem entwickelt. [THÜMMLER/KUGELE/VEIT 1994]. Mit nur wenigen Markierungszeichen z.B. für tierische oder pflanzliche Schädlinge, Symbolen für Meßstellen, Anschlüsse, Fugen und farblichen Darstellungen der Tiefe von Zuständen oder Schäden lassen sich damit in Fassadenansichten oder Schnitten 1:50, besser im größeren Maßstab, detailliert alle Schäden und Merkmale erfassen.

2.2 Untersuchungsmethoden

Für die Untersuchung von Fachwerkfassaden steht – wie für die Untersuchung aller Holzkonstruktionen – ein breites Spektrum von Untersuchungsmethoden und Untersuchungsgeräten zur Verfügung.

2.2.1 Manuelle Untersuchungen ohne bzw. mit kleinem Geräteeinsatz

- Inaugenscheinnahme,
- Abklopfen mit der Hand,
- Abklopfen mit Hammer oder Beil,
- Einstechen mit dem Taschenmesser,
- Einstechen mit Stecheisen,
- Anbohren mit geringen Bohrdurchmessern,
- Anbohren mit größeren Bohrdurchmessern,
- Kernbohrungen,
- Anbeilen mit Axt oder Beil,
- Untersuchung zum Aufspüren von Stahlteilen,
- Feuchtemessung,
- Oberflächensondierung,

- Mikroskopische Untersuchung der Holzoberfläche,
- Rißbreitenmessung,
- Profilabnahme. [GERNER 1994]

Die manuellen Untersuchungen sind einfach und bedürfen keiner oder nur geringer Werkzeuge und Geräte, dafür aber einer um so größeren Erfahrung beim Aufspüren, Analysieren und Bewerten bestimmter Merkmale, Materialstrukturen und Schädigungen.

2.2.1.1 Inaugenscheinnahme

Die Inaugenscheinnahme ist die einfachste Untersuchungsmethode, die aber bei sorgfältiger Durchführung bereits viele Hinweise geben kann.

Solche Hinweise sind bei Fachwerkkonstruktionen Durchfeuchtungen, Verfärbungen, Algenbefall, Verformungen, Risse im Holz, Putz oder Mauerwerk, bestimmte Arten von Putzrissen oder Putzverformungen, wie Aufwölbungen oder Risse parallel zu den Hölzern des Skeletts, Abplatzungen, Merkmale an umgebenden Bauteilen sowie frühere Reparaturversuche. Bei anderen Holzkonstruktionen sind die Hinweise, abgesehen von mit dem Gefach zusammenhängenden Materialien, gleich.

2.2.1.2 Abklopfen mit der Hand

Auch diese Untersuchungsmethode ist noch sehr einfach, da keinerlei Werkzeug erforderlich ist. Es sind aber unter Umständen schon Leitern oder Gerüste notwendig, um die zu untersuchenden Bauteile zu erreichen. Beim Abklopfen mit der Hand sind am oder im Holz lose Holzteile, Hohlstellen, Fäulnis unter der Holzoberfläche, Kernfäule, Aufdoppelungen oder lose Farbschichten festzustellen. An Putz, Mauerwerk oder Lehmschlag können unter anderem lose Teile, Abplatzungen oder Hohlstellen festgestellt werden.

2.2.1.3 Abklopfen mit dem Hammer

Das Abklopfen mit dem Hammer (auch Spitzhammer oder Handbeil) ist der nächste Schritt und bringt meist bessere Ergebnisse als das Abklopfen mit der Hand, da die Klänge als Indizien für bestimmte Merkmale deutlicher zu unterscheiden und besser zu hören sind. Das Abklopfen muß vorsichtig geschehen, um keine Beschädigungen hervorzurufen, unter Umständen ist der Hammerstiel beim Abklopfen »das eigentliche Werkzeug«.

2.2.1.4 Einstechen mit dem Taschenmesser

Zur Untersuchung oder Feststellung von Fugen bzw. bereits angegriffener Holzsubstanz ist oft ein einfaches Taschenmesser schon ein gutes Untersuchungsgerät. Weniger gut sind z.B. Schraubenzieher geeignet.

2.2.1.5 Einstechen mit Stecheisen

Besser als das Einstechen mit dem Taschenmesser eignet sich das Einstechen mit einem Stecheisen, 12 bis 15 mm breit und scharf angeschliffen.

2.2.1.6 Anbohren mit geringen Bohrdurchmessern

Das zerstörungsarme Anbohren mit geringen Bohrdurchmessern - etwa zwischen 3 mm und 5 mm - z.B. mit leichten, batteriebetriebenen Bohrgeräten ist oft bereits ausreichend, um Aufschlüsse über Faulstellen, Fehlstellen oder Innenfäule zu erzielen.

Dabei ergeben sowohl der Bohrdruck als auch das Bohrmehl entsprechende Hinweise. Es sind aber kaum Bohrtiefen über 10 cm zu erzielen.

2.2.1.7 Anbohren mit größeren Bohrdurchmessern

Das Anbohren mit Bohrdurchmessern bis etwa 15 mm ist ebenfalls noch bei den zerstörungsarmen Untersuchungsmethoden einzuordnen. Der Vorteil liegt besonders darin, daß Bohrtiefen bis etwa 60 cm erreicht werden können und die gröberen Bohrspäne bessere Aufschlüsse über die Holzsubstanz geben.

Die Bohrlöcher müssen schräg von unten geführt werden, um das Eindringen von Feuchte zu vermeiden, und sind nach Abschluß der Arbeiten mit einem Dübel zu verschließen.

2.2.1.8 Kernbohrungen

Auch Kernbohrungen mit Außendurchmessern von ca. 20 mm und Kernen von ca. 10 mm gehören noch zu zerstörungsarmen Untersuchungsmethoden.

Für das Ziehen entsprechender Kerne sind Spezialbohreinrichtungen mit Führungen notwendig. Die gezogenen Kerne geben in erster Linie einwandfreien Aufschluß über die Holzsubstanz, bei genau radialen Bohrungen können die Kerne auch zu dendrochronologischen Untersuchungen dienen.

Das Ziehen von Bohrkernen erfordert große Erfahrungen. Die Kernbohrungen sollen in Zeichnungen genau markiert und die Ergebnisse vor Ort in Bohrprotokollen festgehalten werden. Die Kerne müssen sorgsam geborgen, transportiert und archiviert werden. Auch die bei Kernbohrungen entstandenen Bohrlöcher müssen mit Dübeln verschlossen werden.

2.2.1.9 Anbeilen mit Axt oder Beil

Das Anbeilen mit Axt oder Beil ist meist mit erheblichen Zerstörungen verbunden und deshalb nur dort vorteilhaft einzusetzen, wo mit anderen Untersuchungsmethoden, wie Inaugenscheinnahme, Abklopfen oder Bohren, bereits erhebliche Schädigungen festgestellt wurden. Für Denkmale ist diese Untersuchungsmethode nicht geeignet.

Abb. 31:
Probenentnahme mit einem Kernbohrer.

2.2.1.10 Untersuchung zum Aufspüren von Stahlteilen

Zur Entnagelung von Hölzern, die in Zweitverwendung gebraucht werden und z.B. aufgetrennt werden müssen, eignen sich handliche Metallsonden mit Digitalanzeige. Alle Nägel, deren Köpfe abgerostet sind, können so aufgespürt und dann entfernt werden.

2.2.1.11 Feuchtemessung

Zur Feuchtemessung für die normalen Bau- und Prüfungsaufgaben reichen Holzfeuchtemeßgeräte auf der Basis von elektrischen Widerstandsmessungen aus. Die Meßgeräte sind einfach zu bedienen, da nur die Temperatur sowie die Holzart einzustellen sind. Die Holzfeuchte wird digital, analog oder über Leuchtdioden bis zu 1/10 % Holzfeuchte angezeigt. Der Genauigkeitsgrad solcher Geräte im Baustellenbetrieb soll bei 2 % Holzfeuchte liegen; sind genauere Messungen notwendig, muß eine gravimetrische Holzfeuchtemessung durchgeführt werden.

Abb. 32:
Anbeilen von stark durch tierische Schädlinge angegriffenen Bohlensparren mit der Axt.

2.2.1.12 Oberflächensondierung

Mit einer kleinen Meßlupe lassen sich Oberflächen, Malreste, Strukturen Mazeration und Risse sehr viel genauer erkennen als mit dem bloßen Auge.

2.2.1.13 Mikroskopische Untersuchung der Holzoberfläche

Noch besser läßt sich die Oberfläche von Holz mit einem Taschenmikroskop auflösen.

2.2.1.14 Rißbreitenmessung

Sehr schmale Risse sind oft nur mittels Meßlupe oder Mikroskop einzuschätzen. Für breitere Risse, die zwar mit dem Auge erkennbar sind, aber deren Breite nur schlecht schätzbar ist, gibt es handelsübliche Rißbreitenmesser.

Abb. 33:
Holzfeuchtemessung mit einem Meßgerät auf der Basis des elektrischen Widerstandes.

2.2.1.15 Profilabnahme

Vielfach wird es bei Untersuchungen notwendig, Profile zur Dokumentation abzunehmen oder auch von beschädigten Resthölzern die Profilierung abzugreifen, um diese auf Reparaturstücke zu übertragen. Dazu eignen sich als einfachste Werkzeuge gut verstellbare Stahlkämme. Diese werden auf die vorhandenen Profile aufgedrückt und können dann auf Papier übertragen oder im Gerät fixiert werden, um z.B. direkt auf das Hirnholz eines Ersatzstückes projiziert zu werden.

Mit den hier dargestellten »handwerklichen« Untersuchungsmethoden können Zimmermeister und/oder Architekten bzw. Ingenieure historische Holzkonstruktionen so untersuchen, daß der Zustand der Konstruktionen meist schon genau eingeschätzt werden kann. Bei schwierigen Aufgaben und Sonderaufgaben, wie der Altersbestimmung, ist ein höherer Geräteeinsatz, wie oben geschildert, notwendig.

2.2.2 Untersuchungen mit mittlerem oder hohem Geräteeinsatz, oft rechnergestützt

Dazu zählen unter anderem

- Endoskopie zur zerstörungsarmen Untersuchung von Holzsubstanz, aber auch Hohlräumen usw.,
- Thermographie zur zerstörungsfreien Untersuchung von unter Verputz liegendem Fachwerk,
- dendrochronologische Untersuchung zur Feststellung des Fälldatums von Bäumen und weitergehend der Errichtungsdaten von Bauwerken aus Holz,
- gravimetrische Holzfeuchtemessung,
- Bohrwiderstandsmessung zur zerstörungsarmen Untersuchung von Holzsubstanz und Einschätzung der noch aufnehmbaren Spannungen,
- Ultraschallmessung zur zerstörungsfreien Feststellung von Fehlern, Mängeln und Unregelmäßigkeiten im Holz.

2.2.2.1 Endoskopie

Die Endoskopie ist eine Untersuchungsmethode für schwer zugängliche Objekte, Stellen oder Teile, welche in der Medizin z.B. schon seit Jahrzehnten erfolgreich eingesetzt wird. Für die bautechnische Endoskopie wurden eigene endoskopische Gerätesysteme entwickelt. Die Systeme bestehen aus Endoskopen mit verschiedenen Längen und optischen Winkeln, einer zugeschalteten Lichtquelle sowie einer nachgeschalteten Kamera. Die Endoskopie zählt zu den zerstörungsarmen Untersuchungsmethoden. Um die mit dem Endoskop zu untersuchenden Bauteile zu erreichen, muß ein Loch mit relativ geringem Durchmesser gebohrt werden. Da bei Untersuchungen mit dem Endoskop kaum baulicher Aufwand (z.B. durch Entfernen von Bauteilen) entsteht, ist die Methode äußerst wirtschaftlich.

In das zu untersuchende Bauteil, z.B. einen eingemauerten Balkenkopf, wird ein ca. 20-25 mm starkes Loch gebohrt, in welches das Endoskop eingeschoben wird. Dabei können Schäden und Mängel sowohl im Bereich des Bohrlochschaftes als auch am Bohrlochende sicher bestimmt werden. Die nachgeschaltete Kamera erlaubt es, den Holzzustand – insbesondere evtl. Schäden – sofort zu dokumentieren. Mindestens ebensogut oder gar besser haben sich Endoskope zur Untersuchung von Decken- und Wandhohlräumen sowie den Zwischenräumen bei flachen Kaltdachkonstruktionen bewährt.

2.2.2.2 Thermographie

Die Untersuchung der verputzten Fachwerksubstanz mit der konventionellen Methode des Putzabschlagens ist allein aus Kostengründen völlig unzulänglich, da bei sich nicht ergebender Freilegungswürdigkeit der abgeschlagene Putz wieder ausgebessert oder neu aufgebracht werden muß. Hier liefern zerstörungsfreie Infrarotuntersuchungen schon in der Vorplanung wertvolle Entscheidungshilfen und die Möglichkeit, Freilegungskonzepte für Ensembles, Straßenzüge und Stadtbereiche zu entwickeln. Auch bei der Motivation

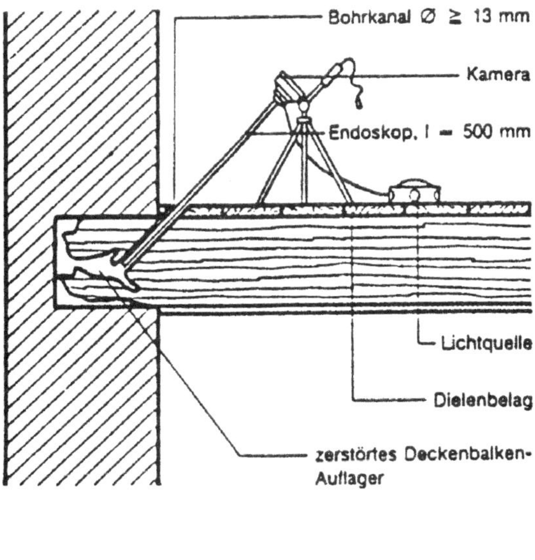

Abb. 34:
Systemzeichnung zur endoskopischen Untersuchung eines Balkenkopfes.
(Zeichnung: F. Kynast)

zur Fachwerkfreilegung können thermographische Untersuchungsergebnisse als wertvolle Hilfe eingesetzt werden.

Die Infrarottechnik nutzt das differenzierte Wärmeverhalten der verschiedenen Baustoffe. Man benutzt dafür ein zu diesem Zweck entwickeltes Spezialinstrument, Thermovisionsgerät genannt, das aus zwei Teileinheiten – einer Kamera und einem Wiedergabegerät – besteht. Das Wärmebild eines abgetasteten Objekts gibt kältere Objektteile als dunkle Zonen in abgestuften Grautönen, wärmere Teile entsprechend heller wieder. Die Geräte lassen aber auch die Umkehrung z.B. von schwarz und weiß oder die Darstellung der Temperaturen in Farbabstufungen zu.

Durch eine nachgeschaltete Kamera können die auf dem Bildschirm erscheinenden Wärmebilder auch als Foto (Thermographie) festgehalten werden. Schließlich sind mit den heutigen Gerätesystemen auch digitale Aufzeichnungen und die Speicherung der Daten möglich.

Die Untersuchung wird durch »Abtasten« der Fassade durchgeführt. Es empfiehlt sich, verputzte Fachwerkbauten in der warmen Jahreszeit thermographisch aufzunehmen. Die meist unterschiedliche Raumbeheizung während

Abb. 35:
Endoskop mit nachgeschalteter Kamera zur sofortigen Dokumentation. (Foto: F. Kynast)

der kalten Jahreszeit bedingt auch eine unterschiedliche Wärmeabgabe der einzelnen Fachwerkteile, so daß im Winter oft unscharfe oder ungleichmäßige Thermogramme entstehen.

Anhand von Thermographien läßt sich leicht feststellen, ob unter dem Verputz ein ehemals schmückendes Sichtfachwerk liegt oder das Fachwerk nur konstruktive Zwecke erfüllt, ob es sich um eine architektonische und handwerklich wertvolle Konstruktion handelt, welche Veränderungen daran vorgenommen wurden und wie sich eine Freilegung auf die bauliche oder landschaftliche Umgebung auswirken würde. Bei günstigen Aufnahmebedingungen sind alle Details, wie Verstrebungsformen, Schmuckhölzer, An- und Umbauten sowie Störungen z.B. durch größere Fenster und Türen, erkenn- und fixierbar.

2.2.2.3 Dendrochronologie

Genügt eine annähernde Altersbestimmung, so wird die Ermittlung durch Vergleich der Konstruktion und Formen, Vorsprünge, Knaggen, durchgehende Hölzer, Verstrebungsformen, Fachwerkbilder, Schmuckformen, Ausbildung der Holzverbindungen und Holzstärken durchgeführt. Die Ungenauigkeit solcher Vergleichsermittlungen liegt im Bereich bis zu fünf Jahrzehnten, da oft noch über eine Generation, selbst am selben Ort, tradierte Fachwerkkonstruktionen ausgeführt, während bereits neuere Ausführungen bekannt waren und gebaut wurden.

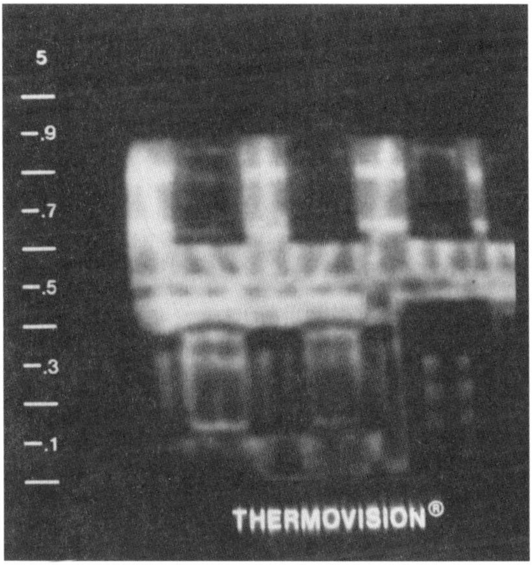

Abb. 36:
Mit einem Thermovisionsgerät aufgenommenes Thermogramm der unter Verputz liegenden Fachwerkfassade.
(Thermogramm: F. Kynast)

Die Dendrochronologie (Jahrringchronologie) ist eine naturwissenschaftliche Methode zur Bestimmung des Alters und des Fälljahres von Bäumen. Dies bedeutet bei Gebäuden, in denen Holz verbaut wurde, insbesondere bei Fachwerken, die Möglichkeit einer genauen Datierung des Baudatums oder größerer Umbauphasen.

Ist eine Datierung dendrochronologisch vorzunehmen, so wird aus dem betreffenden Bauwerk ein Stück verbauten Holzes ausgesucht, das mit Gewißheit in der ersten Bauphase eingebaut wurde. Aus diesem Holz wird eine Scheibe von etwa 5 cm Stärke ausgeschnitten. Diese Probe soll an mindestens einer Seite »Waldkante«, d.h. Splintholz, aufweisen, andernfalls ist eine Datierung nur mit einer Genauigkeit von etwa ± 5 Jahren zu erreichen. Steht kein ausgebautes Holz zur Verfügung, so kann ohne Schaden am eingebauten Holz mittels Kernbohrung mit Spezialbohrgeräten eine Probe entnommen werden. Die Holzprobe wird geschliffen und evtl. mit Kalk präpariert. Dann werden die Jahresringbreiten mikroskopisch gemessen und in einer Kurve aufgetragen. Diese Kurve wird mit der Standardkurve verglichen, und wenn die übereinstimmende Stelle gefunden ist, das Fälldatum festgelegt. Die Datierungssicherheit ist verschieden. Bei günstigen Proben erreicht

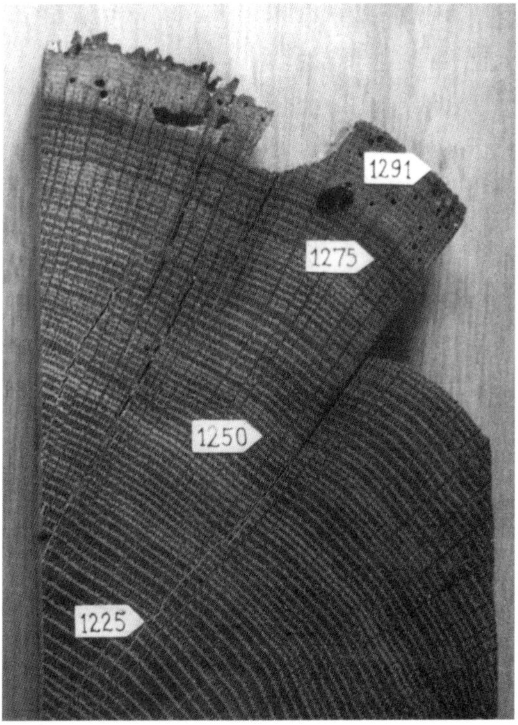

Abb. 37:
Scheibe eines Kopfbandes mit dendrochronologisch ermitteltem Fälldatum 1291. (Dendrochronologische Untersuchung: E. Hollstein)

sie 100 %. Maßstab für die Genauigkeit ist die Gleichläufigkeit der Probenkurve mit der Standardkurve. Bei der mikroskopischen Untersuchung können darüber hinaus Merkmale zu den benutzten Werkzeugen, zur Lagerung des Holzes und zur Fällzeit innerhalb des Fälljahres festgestellt werden, ebenso durch Werkzeugspuren, ob das Holz unmittelbar nach Fällung oder abgelagert verbaut wurde. Neben der manuellen Auswertung wird der größere Teil aller dendrochronologischen Untersuchungen inzwischen mit eigens entwickelten PC-Programmen durchgeführt.

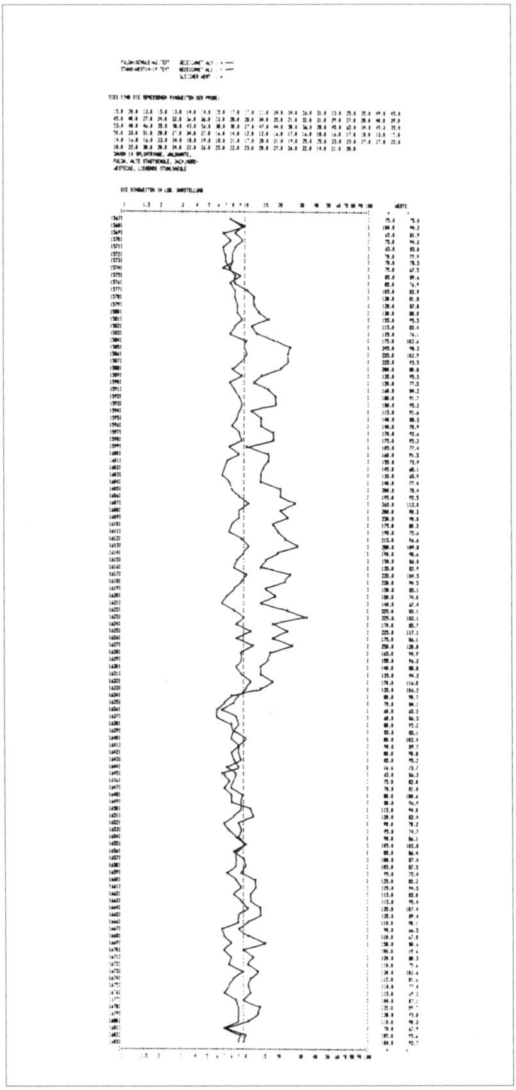

Abb. 38:
Mit einem speziellen Rechenprogramm erarbeitete dendrochronologische Kurve. (Dendrochronologische Untersuchung: H Tisje)

2.2.2.4 Gravimetrische Holzfeuchtemessung

Die gravimetrische Holzfeuchtemessung dient zum absolut genauen Feststellen der Holzfeuchte durch Wiegen der feuchten Probe, anschließendes künstliches Trocknen und neuerliches Wiegen, d.h. Feststellung der Gewichtsdifferenz einer Holzprobe.

2.2.2.5 Bohrwiderstandsmessung

Die Bohrwiderstandsmessung gehört zu den zerstörungsarmen Untersuchungsmethoden. Es wird mittels einer eigens konstruierten Spezialbohrmaschine eine 1,5 mm starke Bohrnadel in das zu untersuchende Holz getrieben. Dabei wird der Widerstand der Holzsubstanz gegen die mit konstantem Vorschub eindringende Bohrnadel gemessen und aufgezeichnet. Hieraus ergeben sich direkte Hinweise zur Rohdichte. Holzfestigkeiten können nur über direkt gemessene Korrelationswerte ermittelt werden. Risse oder Faulstellen, Strukturstörungen, biotische Schädigungen werden deutlich sichtbar, aber auch die Tiefen von Holzverbindungen können schnell überprüft werden.

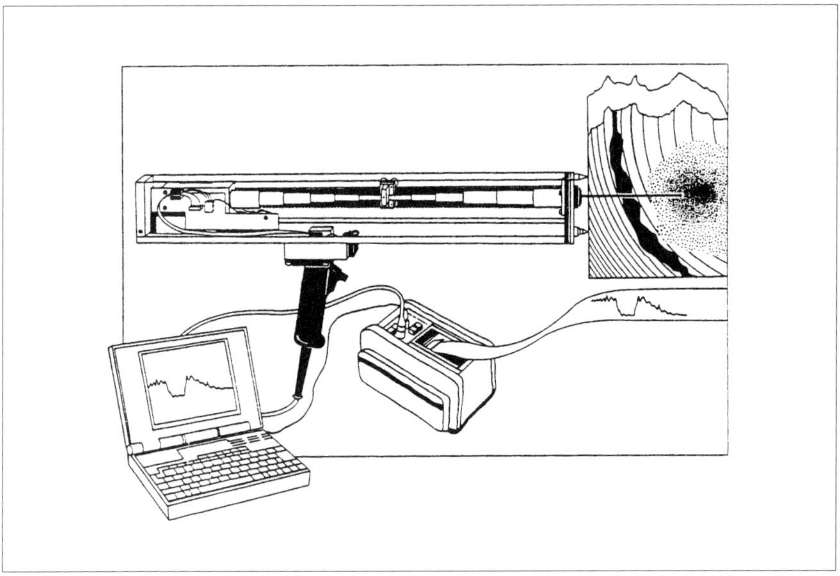

Abb. 39:
Bohrwiderstandsmessung. Das Schemabild zeigt das Bohrgerät mit der in das von verschiedenen Schädigungen betroffene Holz eindringenden Bohrnadel sowie Notebook und Drucker. [FRANK RINN]

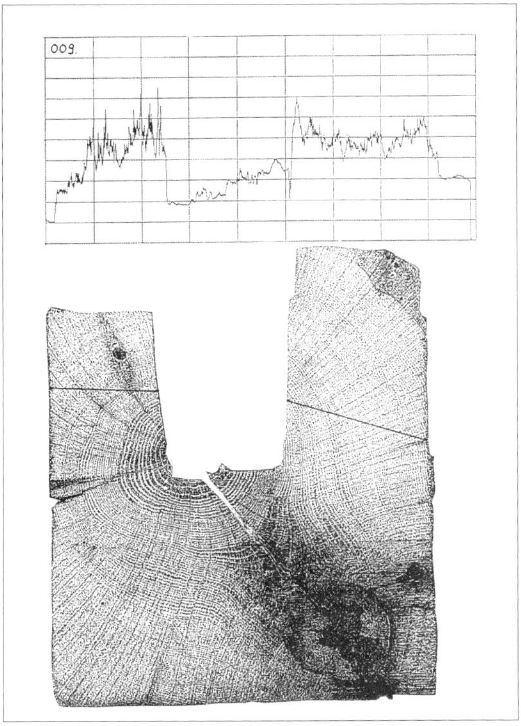

Abb. 40:
Untersuchung eines Querschnitts mit Zapfenloch mittels der Bohrwiderstandsmethode. Oben aufgezeichneter Kurvenverlauf, unten Stammquerschnitt mit dem Weg der Bohrnadel.
(Bohrwiderstandsmessung: Deutsches Zentrum für Handwerk und Denkmalpflege)

2.2.2.6 Ultraschallmessung

Wie die Endoskopie wurden die Bauuntersuchungen mittels Ultraschallmessungen der Medizin entlehnt. Sieht man von den Schäden, die durch die Kontaktmasse an der Oberfläche der zu untersuchenden Holzteile entstehen können, ab, ist die Untersuchung zerstörungsfrei. Mit Hilfe des Abfahrens der Ultraschallsonden auf den sich gegenüberliegenden Seiten eines Holzes werden auch kleinste Unregelmäßigkeiten, wie Hohlräume, Risse, Faulstellen oder Fremdkörper registriert. Neben den direkten Durchschallungen quer zur Faserrichtung sind auch direkte Durchschallungen in Faserrichtung möglich, um z.B. Festigkeitsbestimmungen von Hölzern, wie Deckenbalken im eingebauten Zustand durchführen zu können. Weiter werden auch mit indirekten oder halbdirekten Durchschallungen gute Ergebnisse erzielt. Die Methode ist sehr sensibel und findet in der Praxis noch wenig Anwendung.

Tab. 4:
Beispiel „Mängelliste"

1. Dachgeschoß						
Schad.-Stelle	Foto-Nr.	Bauteil	Zustand	Querschnitt/ Länge		Reparatur-Vorschlag
		1. Balkenkopf und Knagge (v. links)	Holzersatz-masse dick aufgetragen	cm	m	Harz entfernen
(41)	43.	2. Balkenkopf und Knagge (v. links)	Holzersatz-masse dick aufgetragen			Harz entfernen und ausspänen, Profil ergänzen
(42)	44.	3. Balkenkopf und Knagge (v. links)	vermodertes Holz nach Entfernen der Holzersatz-massen			bis auf gesunde Substanz abtragen und mit mindestens 5 cm starker Bohle ergänzen, Knagge erneuern
(43)	45.	4. Balkenkopf und Knagge	vermodertes Holz nach Entfernen der Holzersatz-massen			bis auf gesunde Substanz abtragen und mit mindestens 5 cm starker Bohle ergänzen, Knagge erneuern

2.3 Schadenseinordnung

Bei den Untersuchungen wird meist schnell deutlich, daß selten eine Ursache alleine den Schaden herbeigeführt hat und gerade Fachwerkfassaden auch nur selten mit nur einem Schaden belastet sind. Vielfach treffen meist mehrere Ursachen zusammen und die Schadensbilder sind entsprechend differenziert.

Bei der Schadensfeststellung von Holzkonstruktionen sind besonders zu beachten und zu unterscheiden:

- Schäden durch tierische Holzschädlinge,
- Schäden durch pflanzliche Holzschädlinge (gefährliche Schwammarten, wie der Echte Hausschwamm, sind getrennt aufzuführen),
- Risse und Brüche,
- fehlende Hölzer,
- klaffende oder fehlende Holzverbindungen,
- Schiefstellungen,
- Absenkungen,

- Mängel durch frühere fehlerhafte Reparaturen,
- Mängel durch frühere fehlerhafte Um- oder Anbauten,
- Mängel im Anschlußbereich von Holzskelett und Ausfachungen,
- fehlende oder falsche Ausfachungen, Zustand von Verkleidungen, Einbauten und des Innenausbaues.

Abb. 41:
Eine relativ seltene Holzschädigung ist die Mazeration, bei welcher durch chemische Einwirkung insbesondere gelöste Salze die Verkittung der Cellulose zerstört wird und praktisch statt des Holzes nur lose Cellulose in dicken Schichten übrig bleibt.

3 Schäden und deren Sanierung

3.1 Schadensgruppe Holzfeuchte

3.1.1 Fachwerkfassade in Bewegung

Ein dreigeschossiges Fachwerkhaus aus dem Beginn des 16. Jahrhunderts wurde nach umfangreichen baugeschichtlichen und bautechnischen Untersuchungen einschließlich der Erstellung eines verformungsgetreuen Aufmaßes sowie eines Raumbuches mit allen detailliert dargestellten Zuständen und Schäden saniert. Zur Sanierung der Außenwände mußten in größerem Umfange Hölzer ausgewechselt werden. Dazu wurde neues Eichenholz verwendet. Gemäß Ausschreibungstext sollte dieses neue Holz »trocken« sein.

Abb. 42:
Wegen des Einbaus zu feuchter Hölzer war über die gesamte Fassade ein Schadensbild aus breiten Rissen im Holz, klaffenden Fugen zwischen Holz und Gefach sowie Farb- und Putzabplatzungen festzustellen.

Noch vor Abschluß der Ausbauarbeiten zeigten sich gravierende Schäden in Form von Durchfeuchtungen der Außenwände bis auf deren Innenseite, klaffenden Fugen zwischen Gefachen und Holzskelett, Rissen im Holz und Putzabplatzungen.

Die Untersuchung führte zu folgender Bewertung der Schäden und Ursachen:

»Insbesondere auf der Westseite wurden zahlreiche Hölzer neu eingebaut. Ein kleiner Teil der neu eingebauten Hölzer wurde aus alten Hölzern geschnitten, der größere Teil aus frischem Eichenholz. Aus den Schwindrissen und dem weitergehenden Rißbild zeigt sich, daß dieses Holz beim Einbau nicht auf die Gleichgewichtsfeuchte heruntergetrocknet war. Durch das Nachtrocknen im eingebauten Zustand entstanden starke Schwundrisse zu dem anschließenden Gefacheputz. Durch die Addition des Schwundes vieler Hölzer geriet die gesamte Fassade »in Bewegung« und es kam zu verschiedenen Putzabplatzungen. Der Schwund ist auch daran zu erkennen, daß die Putzplatten an vielen Stellen bis zu 1 cm überstehen. Dies rührt von dem Holzschwund in waagerechter Richtung.«

Abb. 43:
Durch den Holzschwund senkrecht zur Wand stehen die Putztafeln bis einen Zentimeter vor den die Gefache umschließenden Hölzern.

Im Rahmen der Untersuchungen wurde eine mittlere Holzfeuchte von 15,8 % ermittelt. Nach Abzug der Toleranz des Meßgerätes wurde mit 13,8 % Holzfeuchte gerechnet. Die Rechnung über die Schwindmaße ergab eine Feuchtedifferenz von 19 %, so daß davon ausgegangen werden muß, daß die neuen Hölzer der Fassade vor dem Verputzen eine Holzfeuchte von mindestens 32,8 % aufwiesen.

Das auch nach allen normativen Regelungen beim Einbau wesentlich zu feuchte Holz hat zu dem starken Holzschwund geführt und war damit Ursache aller Schäden wie der vorstehenden Putztafeln, der Putzrisse und Putzabplatzungen sowie den Durchfeuchtungen der Wand.

Abb. 44:
Am stärksten wirken sich Verformungen des Holzskeletts auf dreieckige kleine Gefache aus, in diesem Falle sind die Putztafeln bereits abgefallen.

3.1.2 Fußbodenschwund

Dieser Schadensfall gehört nicht zu einer Fachwerkfassade, er demonstriert den Schädigungsprozeß aber deutlich.

In einem neuen zweigeschossigen Fachwerkhaus wurden in beiden Geschossen Weichholzfußböden aus ca. 11 cm breiten und 2,4 cm dicken gehobelten Nut- und Federbrettern verlegt. Die Fußbodendielen wurden mit einem Holzfeuchtegehalt von ca. 8 % an der Baustelle angeliefert. Der Holzboden wurde nach dem Einbau mit einer schichtbildenden, transparenten Versiegelung oberflächenbehandelt.

Nach etwa 8 Monaten zeigten sich zwischen einzelnen Fußbodenbrettern klaffende Spalten bis zu ca. 8 mm Breite, so daß auch die Federn nicht mehr die Lücken abdecken konnten.

Die Ortsbesichtigung bestätigte nur das traurige Ergebnis. Die Versiegelung hatte jeweils 3 bis 5 Fußbodendielen »zusammengeklebt«, dann folgte eine Lücke von 0,5 bis 1 cm.

Erst die Recherche über das Bautagebuch und Zeugenaussagen halfen, die Schadensursache zu finden. Die Dielen waren nach der Anlieferung im Bau in verschiedenen Zimmern und kleinen Stapeln mit Zwischenleisten aufgesta-

Abb. 45:
Bei Fußbodenrestaurierungen muß vor Beginn der Arbeiten „trockengeheizt" werden, um Schadensbilder wie dieses zu vermeiden.

pelt worden. Die Holzfeuchte der Dielen von rund 8 % entspricht einer Luftfeuchte von ca. 40 %. Die Räume, in denen die Fußbodendielen lagerten, waren erst kurz vor der Einlagerung innen naß verputzt worden. Während des Abbinde- und Trocknungsprozesses gibt der Putz viel Feuchte an die Umgebungsluft ab. Dabei entstehen leicht relative Luftfeuchtewerte von 80 bis 100 %. Schon bei 60 % relativer Luftfeuchte stellt sich im Holz eine Gleichgewichtsfeuchte von ca. 11 % ein. Die Dielen wurden unterschiedlich nach vierzehntägiger bis vierwöchiger Lagerzeit eingebaut. Sie hatten bis dahin einen Feuchtegehalt von mindestens 20 % und sind dann eingebaut »trockengeheizt« worden. Dabei sank die Gleichgewichtsfeuchte wieder auf 8 bis 10 % und bewirkte den Schwund und die klaffenden Fugen.

3.1.3 »Abgelagertes« Eichenholz

An einem Fachwerkgebäude in Norddeutschland aus dem 19. Jahrhundert wurde die Traufwand zur Straße komplett ausgetauscht. Als Material wurde ausschließlich neues Eichenholz verwandt, der Zimmermeister hatte »abgelagertes« Eichenholz bestellt. Die Zimmererarbeiten wurden nach traditionellen Handwerksmethoden und mit klassischen Holzverbindungen durchgeführt.

Abb. 46:
Das Foto zeigt die ausgezeichnete Handwerksarbeit, die Schäden haben als Ursache ausschließlich zu feuchtes Holz.

Der Streitgegenstand richtete sich insgesamt auf fachgerechte oder nicht fachgerechte Zimmererarbeiten.

Die Ortsbesichtigung ergab grob zusammengefaßt folgendes Bild:

Die mit Ziegeln ausgemauerte und farblich behandelte Fassade macht von außen – bei leicht klaffenden Fugen zwischen den Holzverbindungen – den Eindruck fachlich einwandfreier Zimmererarbeit. Auf der Innenseite dagegen zeigen sich größere Fugen zwischen den Hölzern (bis etwa 10 mm) sowie Verformungen und nicht in der Waagerechte liegende Hölzer. Durch Fugen zwischen Holzverbindungen wie auch Fugen zwischen Hölzern und Gefach kann man ins Freie sehen. Die Untersuchung wird insbesondere in Form des Messens der Fugen und ein größeres Programm von Holzfeuchtemessungen vorgenommen.

Die Fugen zwischen den Holzverbindungen klaffen außen zwischen 2 bis 4 mm, innen zwischen 3 bis 8 mm, in Einzelfällen über 10 mm. Der Unterschied zwischen Außen und Innen rührt daher, daß die Zapfenbrust auf der Innenseite jeweils stark unterschnitten wurde, um außen sehr dichte Fugenanschlüsse zu erreichen.

Abb. 47 und 48:
Schadensbild außen und innen. Die Fugen klaffen teilweise so weit, daß man durch die Wand blicken kann.

Die Holzfeuchtemessungen außen erbrachten in 0,5 cm Tiefe Werte zwischen 16,1 bis 17,4 % Holzfeuchte, in 1 cm Tiefe zwischen 18,5 bis 23,4 % und in 1,5 cm Tiefe zwischen 21,4 bis 28,5 %.

Die Holzfeuchtemessungen innen ergaben in 0,5 cm Tiefe 11,4 bis 15,5 % Holzfeuchte, in 1 cm Tiefe von 13,8 bis 17,0 und in 1,5 cm Tiefe von 14,4 bis 17,8 %. Eine Einzelmessung in einem eigens dazu gestemmten Loch von innen ergab in einer Tiefe von 4,5 cm eine Holzfeuchte von 26,2 %.

Die neue Fachwerkwand wurde im September/Oktober 1994 errichtet, der Ortstermin mit den Messungen im Juli 1995 durchgeführt, d.h. zwischen Einbau und Messung lagen im Minimum 10 Monate.

Die bei den Messungen festgestellte gravierende Feuchtezunahme von der Holzaußenfläche nach innen bestätigt die bekannte Tatsache, daß Eichenholz in den äußeren Schichten noch einigermaßen schnell trocknet, der Trocknungsprozeß nach innen aber nur sehr langsam voranschreitet. Entsprechend langsam gehen auch Anpassungsprozesse an die relative Luftfeuchte (zur Erreichung der Ausgleichsfeuchte) vor sich.

Bei der hier absichtlich vorgenommenen Vernachlässigung der Diskussionen um die Fugen, verformte oder schiefe Holzteile bei Sanierungen, Rekonstruktionen oder Reparaturen sind die Schäden fast zu 100 % auf den Einbau zu feuchten Holzes zurückzuführen.

3.1.4 Verhinderung / Vermeidung von Schäden durch zu hohe Holzfeuchte

Grundlagen / Ausschreibung / Prüfung / Konstruktion

Bei Schadensaspekten aus zu hohen Holzfeuchten oder falsch eingeschätztem Feuchteverhalten ist zu beachten, daß 95 % aller Bauschäden Feuchteschäden oder Schäden, die ursächlich auf meist zu hoher Feuchte basieren, darstellen.

Beim Umgang mit Baustoffen, Bauteilen und schließlich auch Bauten müssen die hygroskopischen Eigenschaften der Werkstoffe, d.h. insbesondere die Anpassung der Materialfeuchten an die umgebenden Luftfeuchten beachtet und berechnet und weitergehend muß dementsprechend konstruiert werden. Dies gilt in ganz besonderem Maße für den Baustoff Holz, da sich die Holzfeuchte nicht nur der umgebenden Luftfeuchte anpaßt, sondern weil Holz auch sein Volumen entsprechend der Feuchte verändert, d.h. mit zunehmender Feuchte quillt und mit abnehmender Feuchte schwindet. Daraus folgt, daß bei allen Konstruktionen Holz eine absolute Feuchteobergrenze zur

Vermeidung pflanzlicher Holzschädlinge nicht überschreiten darf, und auch das Quellen und Schwinden beim Trocknungsprozeß, beim Lagern und Transport wie auch im eingebauten Zustand in der Konstruktion berücksichtigt werden muß.

Bei frei bewitterten Hölzern hängt die Holzfeuchte neben anderen Feuchteeinträgen wesentlich von der relativen Luftfeuchte ab, d.h. auch wesentlich von den Schwankungen in den jährlichen Klimazyklen.

Weit mehr als von gelegentlicher Regenbeaufschlagung oder Spritzwasser wird die Holzfeuchte von der relativen Luftfeuchte beeinflußt. Dieses Faktum ist zwar bekannt, wird aber hartnäckig ignoriert, zumindest zu wenig berücksichtigt. Unter normalen Klimabedingungen in Mitteleuropa treten relative Luftfeuchten von ca. 40 % - 100 % auf. Die Holzfeuchte schwankt dementsprechend von ca. 8% - 30 %. Sowohl die Tabelle der in der DIN 1052 vorgegebenen Parameter und Holzfeuchten als auch die Messungen anläßlich unterschiedlicher Untersuchungen, z. B. an eingebauten oder freiliegenden Hölzern, belegen dies eindrücklich.

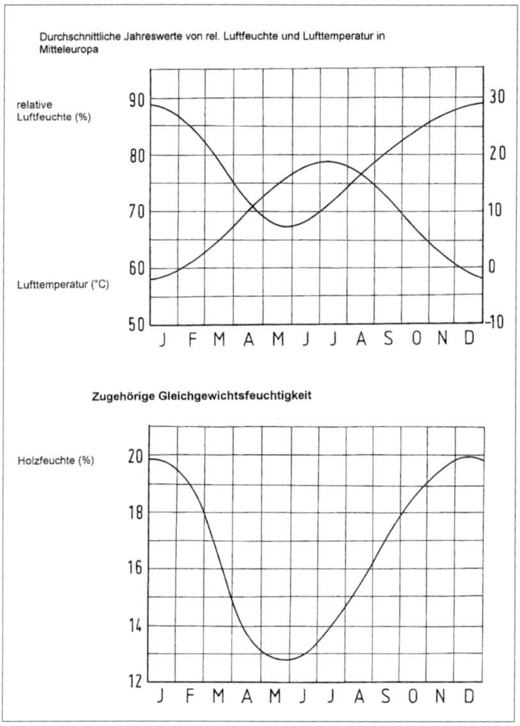

Abb. 49:
Monatsmittelwerte des Klimas und zugehörige Gleichgewichtsfeuchtigkeit im Holz nach durchschnittlichen Jahreswerten in Mitteleuropa. [WILLEITNER/SCHWAB 1981]

Die Monatsmitteltemperaturen in Mitteleuropa liegen im Januar einige Grade unter dem Gefrierpunkt, steigen in einer relativ gleichmäßigen Kurve auf ca. 19°C im Juli und fallen im umgekehrten Kurvenverlauf bis zum Ende des Dezembers wieder auf ca. - 4°C. Annähernd umgekehrt proportional verhält sich die Durchschnittskurve der relativen Luftfeuchte mit im Januar ca. 89 % beginnend, bis zum Juni auf 65 % fallend und dann wieder auf etwa 89 % bis Ende Dezember steigend.

Diese klimatischen Bedingungen mit 70 - 80 % relativer Luftfeuchte im Jahresmittel als Voraussetzung für die sich im Holz einstellende Gleichgewichtsfeuchte sind zwar nicht so günstig wie im arktischen Klima oder im trockenen Wüstenklima (wo auch kaum mit Holz gebaut wird), aber wesentlich günstiger als in vielen Regionen der Erde, wo die relative Luftfeuchte im Jahresmittel über 90 % liegt. In Bezug zur Gleichgewichtsfeuchte im Holz bestehen also insgesamt im mittleren Europa günstige Voraussetzungen zum »Bauen mit Holz«.

Bezogen auf die durchschnittliche relative Luftfeuchte in Mitteleuropa lassen sich leicht die Durchschnittswerte der mittleren Gleichgewichtsfeuchte für im Freien lagerndes oder allseitig der Witterung ausgesetztes Holz aus der Sorptionsisotherme ermitteln. Die Kurve beginnt im Januar mit rund 20 % Feuchte im Holz, fällt bis zum Mai steil ab auf ca. 12,5 % und steigt langsam wieder bis auf 20 % im Dezember an. Auf Deutschland bezogen ist deutlich ein Unterschied der Holzfeuchten im feuchten Küstengebiet zum trockeneren Süddeutschland festzustellen. In Schleswig Holstein betragen die Durchschnittswerte im Januar ca. 21 %, im Mai ca. 12,5 % und im Dezember wieder rund 21%, im Voralpenland im Januar 19%, im Mai 12% und im Dezember wieder knappe 19 %. Zumindest diese Werte müssen bei konstruktiven Überlegungen zu Hölzern, die der Witterung frei ausgesetzt sind, eingerechnet werden.

Weiter ist bei allen Baumaßnahmen und Untersuchungen zu beachten, daß sich in Innenräumen die relative Luftfeuchte und die daraus resultierende Holzfeuchte auch z. B. durch Verdunstung von Mörtelanmachwasser noch erhöhen kann und vor allem, daß sich bei beheizten Räumen die Verhältnisse im Jahreszeitenrhythmus umstellen. Bei zentral geheizten Räumen sinkt die relative Luftfeuchte in der Heizperiode, also etwa von Oktober bis April, auf ca. 40 % und es stellen sich Holzfeuchten von ca. 8 % ein.

Die in den vorhergehenden Abschnitten dargestellten Holzfeuchten und Holzfeuchtemittelwerte beziehen sich sämtlich auf Hölzer, die vom saftfrischen Zustand nach dem Fällen bereits auf die Gleichgewichtsfeuchte heruntergetrocknet, und weitgehend keinen zusätzlichen Feuchtebelastungen ausgesetzt waren.

Frisch gefälltes Holz hat oft eine Holzfeuchte von weit über 100 %, in Einzelfällen bis 200%. Unter günstigen Bedingungen trocknen Fichten- und Tannenstämme bereits in einem Klimazyklus auf die Gleichgewichtsfeuchte aus. Laubhölzer mit komplizierteren Zellstrukturen, insbesondere das für den Bau wichtige Eichenholz, benötigen bei natürlicher Trocknung wesentlich längere Trocknungszeiten. Eine alte Handwerksregel der Zimmerleute besagt, daß zu Kanthölzern gebeiltes oder gesägtes Eichenholz pro Jahr um 1 cm von der Außenfläche nach innen trocknet. Meßergebnisse bestätigen dies weitgehend, vor allem aber daß die Trocknung nicht linear vor sich geht, sondern in der ersten Zeit schneller und dann verlangsamend.

Weiter wird der tatsächliche Holzfeuchtegehalt vom Eintrag zusätzlicher Feuchte beeinflußt. Entsprechende Feuchtebelastungen können einmaliger Natur sein, wie z. B. die Abgabe von Mörtelanmachwasser beim Ausmauern oder Verputzen von Fachwerkgefachen an die Hölzer oder temporär wiederkehrend z. B. durch Regen, Spritzwasser wie auch Kondensat aus Innenräumen oder Lecks in Leitungen, Abdeckungen bzw. Dächern.

Tab. 5:
Holzfeuchten

Trockenes Holz absolut trocken, Zellen und Hohlräume sind wasserfrei; kommt praktisch im Baubereich nicht vor	0 %
Gleichgewichtsfeuchte bei allseitig geschlossenen Bauwerken mit Heizung nach DIN 1052	9 % (± 3 %)
Gleichgewichtsfeuchte bei allseitig geschlossenen Bauwerken ohne Heizung nach DIN 1052	12 % (± 3 %)
Gleichgewichtsfeuchte im Normalklima (20 °C, 65 % rel. Luftfeuchte)	ca. 12 %
Gleichgewichtsfeuchte bei überdeckten, offenen Bauwerken nach DIN 1052	15 % (± 3 %)
Gleichgewichtsfeuchte bei allseitig der Witterung ausgesetzten Bauteilen nach DIN 1052	18 % (± 6 %)
Grenzwert für Pilzwachstum, d.h. unterhalb dieses Wertes besteht keine Gefahr des Pilzbefalls nach DIN 68365	20 %
Oberer Grenzwert für die Bezeichnung "trocken" nach DIN 4074	20 %
Fasersättigungspunkt, d.h. Gleichgewichtsfeuchte bei 100 % relativer Luftfeuchte	28 % - 32 %
Oberer Grenzwert für die Bezeichnung "halbtrocken" für Querschnitte bis 200 cm^2	30 %
Oberer Grenzwert für die Bezeichnung "halbtrocken" für Querschnitte von über 200 cm^2	35 %

Beim täglichen Umgang mit den Phänomenen im Zusammenhang mit der Holzfeuchte brauchen keine neuerlichen Untersuchungen oder allzu komplizierte Rechengänge durchgeführt zu werden. Wichtige Holzfeuchtewerte stehen empirisch erfahren oder normiert fest. Zum Rechnen werden vereinfachte Rechenwerte benutzt. Die für konstruktive Überlegungen notwendigen Holzfeuchtewerte sind hier nach steigenden Feuchtewerten übersichtlich in einer Tabelle zusammengefaßt.

Noch dramatischer wirkt sich das grundsätzliche Schwinden bei der Holztrocknung nach dem Fällen, wie das hygroskopisch bedingte Quellen und Schwinden, bei Konstruktionen mit unterschiedlichen Materialien, d.h. Materialkombinationen wie Fachwerk aus.

Wird z.B. bei einem Fachwerkgebäude eine einzelne Wand ausgewechselt, dabei zu feuchtes Holz eingebaut und relativ schnell danach ausgemauert und verputzt, so stellen sich regelmäßig drei große Schadenskomplexe ein.

- Der Schwund in Richtung der Wandtiefe wirkt sich so aus, daß das Holz schwindet und die Gefachausmauerungen, die beim Ausmauern und Verputzen mit dem Holz bündig lagen, mehr oder weniger weit vor die Flucht der Fachwerkhölzer vortreten. Über die vortretenden Putzkanten dringt in erhöhtem Maße Niederschlagswasser in die Konstruktion.
- Der Schwund von Ständern und Streben in Wandrichtung macht sich durch breite klaffende Fugen bemerkbar, die ebenfalls dazu führen, daß in erheblichem Maße Niederschlagswasser in die Fassade eindringt.
- Schließlich führt der Schwund aller waagerechten Fachwerkhölzer, wie Schwellen, Riegel und Rähme dazu, daß sich die gesamte Fassade in Größenordnungen von mehreren Zentimetern »setzt«. Die Zerstörung des Gesamtgefüges kann dabei so groß werden, daß ein neuerlicher Austausch der Fassade notwendig wird.

Tab. 6:
Maximale Schwindmaße von Fichte, Tanne, Kiefer, Eiche und Buche

in der Längsrichtung, d.h. axial	0,4 %	bei Fichte, Tanne, Kiefer, Eiche und Buche
in der Spiegelrichtung, d.h. radial	4 % bis 6 %	bei Fichte, Tanne, Kiefer und Eiche bei Buche
in der Sehnenrichtung, d.h. tangential	bis 8 % bis 12 %	bei Fichte, Tanne, Kiefer und Eiche bei Buche

Für konstruktive Überlegungen läßt sich das Schwinden und Quellen rechnerisch grob ermitteln:

Das jeweils maximale Schwindmaß für die bei uns als Bauholz verwendeten Holzarten vom Fasersättigungspunkt bis zum völligen Trocknen, d. h. von 30 % auf 0% Holzfeuchte ist in der Tabelle auf Seite 79 dargestellt.

Die Quell- und Schwindmaße verändern sich annähernd linear zu den Feuchteveränderungen und lassen sich rechnerisch leicht ermitteln. Die Normen sehen für bestimmte Holzarten einen aus tangentialem und radialem Quellen und Schwinden gemittelten Rechenwert für die Dimensionsveränderung bei 1 % Feuchteveränderung vor. Nach der DIN 1052 sind dies für Eiche, Fichte und Tanne 0,24 %. Dies bedeutet, daß bereits für den Streuwert bei frei bewitterten Hölzern von ± 6% = 12 % Feuchte mit 2,88 % Flächenveränderung des Querschnitts zu rechnen ist.

Bei einem Holz von 30 x 30 cm bedeutet dies ein Quellen und Schwinden allein durch Veränderungen der relativen Luftfeuchte und der dadurch bedingten Veränderung der Gleichgewichtsfeuchte von rund 0,5 cm. Schwindrisse entstehen in der Regel durch Querzugversagen der Fasern bei unterschiedlichen Trocknungsspannungen und verlaufen stets radial.

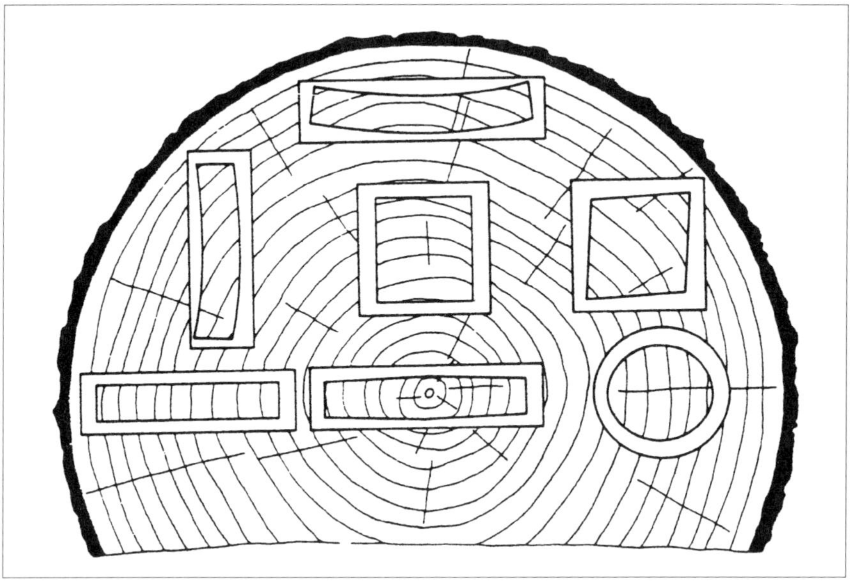

Abb. 50:
Skizze eines Baumquerschnitts, die die unterschiedlichen Verformungen von Brettern, Bohlen, Kanthölzern und Balken durch die tangential und radial unterschiedlichen Schwindprozesse deutlich macht. (Skizze: Wood-Handbook, U.S., Department of Agriculture, 1974)

Wenn Schäden durch zu hohe Holzfeuchten und/oder Quell- bzw. Schwindprozesse vermieden werden sollen, muß es deshalb »eiserne Regel« sein, bei allen Sanierungs-, Reparatur- oder Auswechslungsmaßnahmen an Fachwerkwänden nur Hölzer in Gleichgewichtsfeuchte einzubauen und weiter möglichst Quell- und Schwindbewegungen bei den konstruktiven Lösungen einzuplanen und nicht dem Zufall zu überlassen. Dazu reicht es nicht, z.B. in der Ausschreibung »Trockenes Holz nach der DIN«, d.h. unter 20 % Holzfeuchte zu fordern, sondern die Holzfeuchte muß genau, z.B. mit der Gleichgewichtsfeuchte definiert werden. Weiter muß die Holzfeuchte nicht nur in Ausschreibung und Angeboten definiert, sondern auch vom Zimmermeister und/oder Architekten bzw. Bauleiter mittels einfacher Holzfeuchtemeßgeräte und nicht nur an der Oberfläche geprüft werden. Die Genauigkeit der handelsüblichen Holzfeuchtemeßgeräte auf der Basis des elektrischen Widerstandes reicht dazu meistens aus.

3.2 Schadensgruppe mangelhafte Konstruktionen, mangelhafter baulicher (konstruktiver) Holzschutz

Die Mißachtung der Grundregeln des baulichen (konstruktiven) Holzschutzes führt zu umfangreichen und schwerwiegenden Schäden. Zu den häufigsten Schadensfällen zählen zu niedrig über dem Boden liegende oder eingemörtelte Schwellen, ungenügende Maßnahmen gegen starken Schlagregen bei Sichtfachwerk und nicht ausreichende Dichtigkeit der Anschlüsse vom Gefach an das Holzskelett.

3.2.1 Schwellen auf der Erde oder unter dem Terrain

Bei einem Fachwerkgebäude in Niedersachsen wurden die Hof- und Gartenflächen anläßlich der Umgestaltung der Außenanlagen so hoch gelegt, daß die Schwellen der Fachwerkwände ganz im Spritzwasserbereich lagen.

Die Untersuchung ergab:

Von den rund 80 lfdm. Fachwerkschwellen lag ein Drittel nur ca. 10 cm über dem anschließenden Boden aus Pflastersteinen, mehr als 60 % der Schwellen lagen zwischen 20 cm und 30 cm über dem Pflaster bzw. dem Gartenterrain. Der größere Teil der Schwellen war der Witterung voll ausgesetzt, während kleinere Teile durch einen weiten Dachüberstand geschützt wurden.

In einem anderen Fall in Nordhessen war im innerörtlichen Bereich eine Durchgangsstraße samt den Gehwegen um 0,80 m durch Aufschüttung angehoben worden. Straße und Bürgersteig wurden asphaltiert. Auf die Sockelhöhe der beidseitig direkt an die Bürgersteige anschließenden Bebauung wurde dabei keine Rücksicht genommen.

Bei einem Fachwerkhaus wurde die Oberkante der Schwelle von der Asphaltdecke des Gehweges um etwa 10 cm überdeckt, d.h. der Gehweg lag 10 cm höher als die Schwellenoberkante. Von der Zeit der Straßenhöherlegung an drang nicht nur kapillar durch das Fundament aufsteigende Feuchtigkeit in die Schwelle ein, sondern vor allem von der Fassade ablaufendes Regenwasser, welches in die Fuge zwischen Fassade und Gehweg einsickerte. Gravierend zum Schaden trug weiter der Umstand bei, daß nur noch nach der Kellerseite in bescheidenem Maße Feuchtigkeit aus der Schwelle verdunsten konnte.

Die Eichenschwelle mit Abmessungen von ca. 28 x 32 cm verfaulte innerhalb von 8 Jahren vollständig. Dabei setzte sich das Haus im Bereich des Straßen-

Abb. 51:
Drei Fehler, die dazu geführt haben, daß die Schwelle bereits bis zur Hälfte von unten abgefault ist: Die Schwelle liegt im Spritzwasserbereich, besitzt eine Mörtelaufkantung und erhielt zusätzliche Feuchtebelastung durch die Ausbildung der weit vorstehenden Putztafeln.

giebels genau um die ehemalige Schwellenhöhe von ca. 32 cm. Dadurch wurde das Gebäude einschließlich des Daches bis auf eine Gebäudetiefe von 4,50 m so stark verformt, daß Türen und Fenster nicht mehr zu öffnen und zu schließen waren und weitergehend die Standsicherheit für diesen Gebäudeteil nicht mehr gewährleistet war.

Die Schwellen im Fachwerkbau werden insbesondere bei Nichtvorhandensein waagerechter Sperren durch kapillar aufsteigende Feuchtigkeit strapaziert. Im traditionellen Holzbau dienten und dienen die Holzschwellen selbst dabei oft als Sperren. Weitere Feuchtebelastungen entstehen durch ausfallendes Kondensat, eindringendes Regenwasser aus den darüberliegenden Gefachen und schließlich auch durch Spritzwasser. Solchen Feuchtebelastungen können Holzschwellen nicht lange standhalten und es mußte deshalb immer das Bestreben sein, die Belastung zu mindern, d.h. insbesondere die Schwellen nur oberhalb der durch Spritzwasser gefährdeten Zone zu verlegen. Entsprechende Vorschriften sind in keiner DIN-Norm enthalten (weil diese erst entstanden sind, als der Fachwerkbau schon weitgehend »aus der Mode« gekommen war). Seit der Renaissance werden aber in Bau- und Forstordnungen (wegen des Holzmangels und der daraus resultierenden Pflicht zum sparsamen Umgang mit Holz) Hinweise, Regeln und Vorschriften gegeben. Hierzu werden nur drei Beispiele aufgeführt:

»Verbesserte große Forstordnung für Nordhessen« von 1541

Zur Konservierung des Fachwerks wurde vorgeschrieben, in Zukunft eine kniehohe Grundmauer als Unterlage für das Fachwerk zu errichten, »darmit nicht die schweln des baus, wie bißhero bei vielen breuchlich gewesen, in den dreck gelegt werden und also unnötiger weise verfaulen«.

Mit »kniehoch« ist eine Höhe von 50 bis 60 cm gemeint.

Nassau-Dillenburgische »Holz- und Bauordnung« vom 18.01.1601

»Nach § 5 sollen die Zimmerleute darauf achten, daß die Haupt- und Grundschwellen wenigstens zwei bis drei Werkschuhe hoch untermauert werden, damit sie nicht durch die Erdfeuchtigkeit faulen. Die Unsitte, die Schwellen unmittelbar auf die Erde und nicht auf ein gemauertes Fundament zu setzen, war ein weit verbreiteter Konstruktionsfehler«. (Aus: Hans-Joachim Häbel, Staatliche Hausbaupolitik in Nassau-Oranien und Sayn-Hachenburg, in: Nassauische Annalen Band 95, Wiesbaden 1984.)

Der Werkschuh hatte 28 cm, so daß in dieser Bestimmung 56 bis 84 cm Höhe der Schwelle über dem Boden gefordert wurde.

Instruktionen für die Zimmermeister aus dem Jahre 1826 aus Kurhessen

»§ 2 Beim Einziehen neuer Schwellen hat er darauf zu bestehen, daß, wenn die alten früher zu tief lagen, die neuen wenigstens 18 Zoll hoch untermauert, folglich die darauf stehenden Säulen nachgeschnitten werden«.

Das kurhessische Zollmaß war 2,4 cm, so daß mit dieser Regelung mindestens 43 cm Höhe der Schwelle über dem Terrain verlangt wurden.

Entsprechende rechtliche Forderungen finden sich ab der Mitte des 16. Jahrhunderts sehr dicht und über alle Territorien Deutschlands verteilt. [GERNER 1994]

Die Schwellenhöhe ist mit 30 cm Höhe über Terrain noch an der Untergrenze des Gefahrenbereichs und sollte mindestens 40 cm, im Normfall 50 cm über dem Boden liegen, um das Spritzwasser als Gefahrenquelle weitgehend auszuschließen. 10 cm Höhe der Schwelle über Terrain sind keinesfalls genügend.

Abb. 52:
Bis zur Oberkante eingemörtelte Schwelle, die in wenigen Jahren zu Mulm verrottete.

Abb. 53:
Die bis zur Hälfte mit einer Betonaufkantung überdeckte Schwelle zeigt bereits schwere Schädigungen.

3.2.2 Zum Verfaulen verurteilte Schwellen

Schon ein entsprechender überstehender und/oder nicht genügend abgeschrägter Sockel stellt wegen der hohen Spritzwasserbelastung eine Gefahr für die Fachwerkschwelle dar. Das schräge Anputzen der Schwelle ist eine weit verbreitete Unsitte, die in jedem Fall zu schweren Schäden an der Holzsubstanz der Schwelle führt.

An einem zweigeschossigen Fachwerkhaus aus dem 19. Jahrhundert in innerörtlicher Lage wurden bei sonst gutem Erhaltungszustand folgende Feststellungen während des Ortstermins zu einem Beweissicherungsgutachten getroffen:

»Der abgeschrägte Sockelputz läßt die untere Schwellenkante zum Teil sichtbar, zum größeren Teil ist sie jedoch überputzt. Darüber hinaus ist die Sockelschräge zu gering geneigt. An der während des Ortstermins aufgeschlagenen Stelle beträgt die Überputzung der Holzschwelle mindestens 2 cm. Das auf der Fassade abfließende Regenwasser dringt hinter die Mörtelaufkantung und muß zu Fäulnisschäden an der Schwelle führen.«

Dieser Schadensfall steht exemplarisch für viele andere. Dabei wird fälschlich davon ausgegangen, daß das Regenwasser über den Putzkeil von der Schwelle wegläuft. Tatsächlich sieht die Regel so aus, daß die schräge Anputzung keine Verbindung zum Holz hat und haben kann, durch die Bewegung des Holzes hier eine klaffende Fuge entsteht, in die das gesamte an der Fassade herablaufende Wasser eindringt und dann nicht nach außen von der Fachwerkfassade und vom Gebäude weg abgeführt wird, sondern unter die Schwelle läuft und sich dort weitere Wege suchen muß. Die vom Grunde her z.B. durch kapillar aufsteigende Feuchte oft schon stark belastete Schwelle wird damit überlastet. Die dauernde hohe Holzfeuchte führt zum Befall mit pflanzlichen Holzschädlingen und zumindest zu anfaulenden Schwellen, und leider oft zum vollständigen Verfaulen der Schwelle.

3.2.3 Schlagregen

Zum Schutz vor starken Witterungseinflüssen, insbesondere Schlagregen, wurde an Fachwerkhäusern vielfach die »Wetterseite«, in exponierten Lagen das gesamte Fachwerk verkleidet. Dazu verwendete man landschafts- und materialgebunden u.a. Schiefer, Tonziegel, Biberschwänze, waagerechte und senkrechte Verbretterungen, Nutschindeln, Kurzschindeln, Langschindeln, und im 19. Jahrhundert gelegentlich auch Blechschindeln.

Bei Fachwerksanierungen, insbesondere Fachwerkfreilegungen wird vielfach das mögliche Schadenspotential auf Grund von Schlagregeneinwirkung unterschätzt. Neben der starken Schlagregenbeanspruchung in Küstenregionen treffen auch in den Mittelgebirgen bis zu über 40 % der Niederschlagsmenge als Schlagregen auf die Fassaden. Am stärksten betroffen sind dabei die sogenannten Wetterseiten. In zahlreichen Gutachten sind Schadensfälle aus intensiver Schlagregenbeanspruchung belegt. Die Schadensbilder reichen von durchfeuchteten Außenwänden über Wasseranfall bei Regen auf den Innenseiten der Außenwände bis zu Putzabfrierungen.

Bei einem Gebäude mit extremen Witterungsbelastungen, insbesondere Schlagregen, in Westdeutschland zeigte sich nach Freilegung und sehr sorgfältiger Sanierung mit Neuausmauerung der Gefache aus Vollziegeln, Neuverputz und Neuanstrich nach einer Winterperiode folgendes Schadensbild: Infolge stärkster Durchfeuchtung waren Anstrich und Verputz zum größten Teil und in den Gefacheausmauerungen einzelne Ziegel bis zu 3 cm tief abgefroren. Das Holzskelett wies auf der Basis dauernder hoher Holzfeuchte erhebliche Schäden durch pflanzliche Holzschädlinge auf, schließlich drangen bei jedem Regen größere Wassermengen durch die Fachwerkaußenwand in die Räume ein und durchfeuchteten Decken und Wände bis zu einer Raumtiefe von ca. 2 m.

Abb. 54:
Durch Schlagregeneinwirkung stark zerstörte Fachwerksubstanz.

Aus städtebaulichen und stadtgestalterischen Gründen sollte in dem hier geschilderten Falle unbedingt das Sichtfachwerk auch als sichtbares Fachwerk erhalten bleiben. Die Fassaden wurden daraufhin neuerlich saniert und wiederum als Sichtfachwerk ausgeführt. Der Schadensvorgang wiederholte sich dabei mit nur geringfügig verändertem Schadensbild. Das Ausfachungsmauerwerk wurde zwar nicht durch Frost zerstört, wohl aber Teile des Putzes. Das Holzskelett war dagegen soweit durch pflanzliche Schädlinge angegriffen, daß eine Sanierung nicht mehr möglich war und die Fassade vollkommen ausgetauscht werden mußte.

Viele Schäden, die an Fachwerkbauten auftreten, sind erst durch eine falschverstandene Sanierung entstanden. Fachwerkhäuser, die z.B. ursprünglich auf der Wetterseite verputzt oder verschindelt waren, wurden durch die Freilegung verstärkt dem Schlagregen ausgesetzt, dem sie nicht gewachsen waren.

3.2.4 Dreikantleisten

Das »Einsparen« der Dreikantleisten für die Ausmauerung von Fachwerkgefachen und billiger Ersatz z.B. mittels eingeschlagener Nägel, hat in vielen Fällen zu Schäden geführt.

Zur Frage der Notwendigkeit von Dreikantleisten an den die Gefache begrenzenden Fachwerkhölzern wird deshalb in einem Gutachten zu entsprechenden Schäden verdeutlicht:

»Die schwierigste technische Fragestellung bei Fachwerkbauten ist die Ausbildung des Anschlusses zwischen Hölzern und Gefachen. Je mehr Imponderabilien zusammentreffen, wie z.B. Holzschwund oder Gefacheschwund, um so sicherer muß der Anschluß ausgeführt werden. Nach dem derzeitigen Stand der Technik ist allein eine Dreikantleiste aus Hartholz von mindestens 1,5 cm Stärke, die in das Gefach genagelt wird und in die die Steine mit einer entsprechenden Nut eingreifen in der Lage, für eine sichere Verankerung der Gefachefüllungen in den umschließenden Hölzern zu sorgen, als auch für eine bestmögliche Abdichtung gegen Wind und Schlagregen. Aus diesem Grund geht auch die Literatur in erster Linie von Dreikantleisten aus. Das Tabellenbuch von Friedrich, 'Bau- und Holztechnik', nennt für die Verbindung Ausklinkung oder Dreikantleiste.«

In Modellprojekten und bei Untersuchungen des ZHD haben sich auch Trapezleisten aus Eichenholz mit einem Querschnitt 2,0 x 2,5 cm gut bewährt.

In weiteren ähnlich gelagerten Fällen wird nicht nur die Schadenshäufigkeit aus Anschlußmängeln deutlich, sondern auch die Problematik in entsprechenden Gutachten vertiefend behandelt. Dazu nachfolgend zwei Zitate aus Gutachten:

»Nägel sind nur ein unzureichender Ersatz, dementsprechend finden sich nur selten Hinweise für Nägel.«

»Ein gleichwertiger Ersatz für Dreikantleisten im Gefach kann nicht herbeigeführt werden. Die durchgeführten provisorischen Maßnahmen in Form der Ausspritzung von Fugen mit dauerelastischen und dauerplastischen Massen können weder die Fixierung der Gefache bewirken, noch stellt diese Maßnahme eine dauerhafte Sicherung gegen Regen und Schlagregen und die dabei eindringende Feuchte dar. Vielmehr haften die Ausspritzmassen an den Flanken des Holzes wie des Putzes nur schlecht, reißen bei Belastung ab und die Gefahr der Fäulnis für das Holz wird wesentlich größer.«

3.2.5 Bretterfachwerk

Aufbretterungen auf Fachwerk wurden aus den verschiedensten Gründen, wie dem Aufbringen einer zusätzlichen Wärmedämmung, als Reparaturaufdoppelung ohne Entfernung des schadhaften Altholzes, als Fachwerkreparatur im Austausch mit geschädigtem Holz oder zur Erzielung einer »perfekt« aussehenden Fassade mit Brettdicken von 20 bis 30 mm ausgeführt. Gelegentlich wurde und wird auch zur Dekoration »aufgedoppelt«, wo überhaupt kein Fachwerk vorhanden ist.

Bei einem eingeschossigen, mit gesandeten Vormauerziegeln ausgefachtem Fachwerkwohnhaus in Niederdeutschland wurden die Fachwerkhölzer mittels 30 mm starker Eichenbretter »saniert«.

Anläßlich des Ortstermins für das Beweissicherungsgutachten mußten folgende Feststellungen getroffen werden:

Durchgehend wurden außen auf alle Fachwerkhölzer einheitlich 30 mm dicke Eichenbretter mit Spaxschrauben aufgeschraubt. Nach dem Einbau sind die Eichenbretter bei der Trocknung geschwunden und dabei entstanden zwischen Brettern und den anschließenden Gefachen Fugen von 2 bis 5 mm. Darüber hinaus haben sich die Bretter teilweise geworfen. Hier stehen die offenen Fugen noch weiter auf.

Noch deutlicher wird dieser Schaden bei einem Fachwerk mit Brettaufdoppelung von 2,5 cm Brettern und verputzten Gefachen. Im Giebeldreieck dieses Gebäudes wurden durchgehend auf das vorhandene Fachwerk ca.

25 mm starke Eichenbretter aufgeschraubt, die Gefache neu ausgemauert und dann bündig verputzt. Die neuen Eichenbretter sind teilweise mit Nägeln, teilweise mit Spaxschrauben befestigt. Die Befestigungen weisen dabei einen Abstand von über 50 cm auf, dabei wurden die Schrauben und Nägel bei den bis zu 20 cm breiten Brettern nahe der Mitte angeordnet. Die Bretter haben sich teilweise weit über 1 cm verformt, in der Handwerkssprache »geworfen«. Im Bereich dieser Verformungen haben sich besonders große Öffnungen zu den Putzanschlüssen gebildet. Mit provisorischen Reparaturversuchen hat man versucht, diese Öffnungen mit dauerelastischem Material zu schließen. Das starke »Werfen« der Brettaufdoppelungen hat zu Abplatzungen und Rissen geführt. Deshalb konnte hierzu abschließend festgestellt werden:

»Am Giebeldreieck ist die Ursache der Risse in dem Werfen der Bretter zu suchen. Es hätten hier keinesfalls Bretter verwendet werden dürfen, sondern allenfalls Bohlen mit 5 cm Stärke und diese hätten darüber hinaus noch besser befestigt werden müssen. Die Fachwerkstäbe und der Gefacheputz sind wegen der ... Risse nicht ausreichend gegen das Eintreten von Feuchtigkeit geschützt. Bei richtiger Ausführung der Zimmerarbeiten, wie der Putzer- und Malerarbeiten entstehen nur sehr schmale Risse, welche im Normfall unbe-

Abb. 55:
Für Wärmedämmung und Verputz vorgesehenes Bretterfachwerk vor der eigentlichen Fachwerkwand.

handelt bleiben. Die bei der Erstbehandlung sparsam verwendete Spachtelmasse hat ihren Zweck erfüllt. Die bei den Nachbesserungen verwendeten dauerelastischen Spachtelmassen sind für diese Arbeiten untauglich, da sie am Holz und Putz nicht ausreichend haften und dann oft dazu führen, daß mehr Wasser als bei offener Fuge eindringen kann und zudem noch schlechter wieder verdunsten kann.«

Aufdoppelungen in Brettstärke führten und führen in vielen Fällen zu Schäden und Mängeln, da allein schon auf Grund des unterschiedlichen radialen und tangentialen Schwindens sich die Bretter verformen – am Bau als »Werfen« bezeichnet.

Mit den Verformungen öffnen sich die Anschlüsse zum Gefacherand, also zum Verputz und Mauerwerk der Ausfachungen. In diese oft breiten offenen Fugen dringt Schlagregen, aber auch das an der Fassade bei normalem Regen ablaufende Wasser in großen Mengen ein. Im geringsten Falle entstehen Mängel durch Verfärbungen des von oben eingedrungenen Wassers, das unterhalb der Bretter wieder austritt, im ungünstigsten Falle verfault unter den Brettern die originale Holzsubstanz, da die zu hohen Feuchtemengen jeweils zu lange im Holz gehalten werden.

Abb. 56:
Die handwerklich aufwendig aufgedübelten Eichenbretter zeigen im Detail die Fehlerquellen: durch die Fugen dringt Wasser hinter die Bretter, durchfeuchtet die Wand und zerstört auch die unter den Brettern liegende originale Fachwerksubstanz.

Abb. 57:
»Fachwerkdekoration« aus Brettern. Zu feuchtes Holz und das »Werfen« haben hier zu starken Durchfeuchtungen bis auf die Innenseite der Wand geführt.

3.2.6 Vermeidung von Konstruktionsfehlern

Konstruktiver Holzschutz

Mängel und Schäden auf Grund der konstruktiven Durchbildung von Fachwerkfassaden und Details lassen sich bei Beachtung einiger Grundregeln weitgehend vermeiden. Zu diesen Grundregeln gehört die Beachtung des Quell- und Schwindvermögens von Holz wie auch mögliche Belastungen durch Schlagregen, insbesondere aber die Beachtung des konstruktiven, d.h. des baulichen Holzschutzes. Dazu können nicht alle konstruktiven Details erfaßt werden, auf einige Grundregeln wird hier aber ausdrücklich hingewiesen:

- Alle Holzauflager wie Schwellen, Balken und Ständer auf Mauerwerk sind durch Unterlagen von Bitumenpappen oder Dichtungsbahnen gegen Feuchtigkeit abzusperren (mögl. bereits eine Steinschicht unter den Schwellen).

- Hirnholz ist besonders gut vor eindringender Feuchtigkeit zu schützen, da es wegen der offenen Zellen überproportional viel Wasser aufsaugt.
- Auskragende und überstehende Holzteile sind so auszubilden, daß eine Tropfkante oder Wassernase entsteht; im Zweifelsfall sind zusätzliche Abdeckungen notwendig.
- Holzverbindungen und Holzanschlüsse müssen (auch bei Reparaturen) sorgfältig überlegt und noch sorgfältiger ausgeführt werden, um das Eindringen von größeren Feuchtemengen, z.B. in Stoßfugen zu verhindern.
- Balkenköpfe sind luftumspült zu ummanteln.
- Holz ist möglichst nicht durch Einmauern zu verschließen, da einmal die Gefahr besteht, daß das Holz über Mauerwerk Feuchtigkeit aufnimmt, zum anderen die Feuchtigkeit nicht schnell genug oder gar nicht aus dem Holz verdunsten kann.
- Waagerecht liegende Holzteile müssen z.B. mit Zinkblech oder schräg gestellten Brettern abgedeckt werden.
- Die ersten Fugen des Fundaments oder Sockelmauerwerks unter- und oberhalb der Geländeoberkante sind oft durch Niederschlagwasser (Oberflächenwasser) stark ausgeschwemmt. Diese Fugen müssen auf jeden Fall, also auch bei allen Trockenlegungsverfahren, sorgfältig gereinigt und mehrlagig verfugt werden, da wiederum überproportional viel Feuchtigkeit eindringen kann.
- Lecks (auch und besonders Tropflecks) in Wasserleitungen führen bei Holzkonstruktionen (oft lange unbemerkt) zu umfangreichen Schäden. Bei Installationen ist deshalb darauf zu achten, daß die Leitungen sicher installiert werden, aber auch gut zugänglich sind.
- Kondensatbildungen müssen in und an Holzkonstruktionen, ebenso wie an den anschließenden Bauteilen (Stahlteile, Stahlkonstruktionen, Installationen, Beton, Mauerwerk) ausgeschlossen werden, anderenfalls muß das Tauwasser in ausreichendem Maße wieder ausdiffundieren können.
- Die Wasserführung an der Fassade wie an einzelnen Details ist zu planen und exakt auszuführen, um ein möglichst schnelles Ablaufen des Regenwassers von der Fassade zu ermöglichen. Dies gilt ebenso für Verkleidungen, besonders deren Stöße und Anschlüsse.
- Stockwerks- und Dachüberstände sind ein wirksamer Schutz gegen Regenwassereinflüsse auf die Fassade.

Über die allgemeinen Regeln bzw. Forderungen hinaus ist beim Fachwerk besonders auf folgende Punkte zu achten:

- Holzskelett und Ausfachungen müssen bündig liegen, zumindest dürfen keine Vor- oder Rücksprünge zwischen den Holzstäben und Ausfachungen entstehen.
- Pfetten und Unterzüge sollen nicht überstehen, andernfalls sind sie abzudecken.
- Die Holzverbindungen müssen dicht sein oder ausgekeilt werden.
- In der Wand (dem Gefach) dürfen keine zu großen Tauwassermengen ausfallen. (Die Werte in der DIN 4108 sind Höchstwerte).
- Beim Sockelmauerwerk sollen vor den Schwellen keine Mörtelaufkantungen angebracht werden, da Wasser hinter sie dringt und die Schwellen faulen. Das Sockelmauerwerk oder aufgebrachter Glattstrich ist unterhalb der Schwelle nach außen abzuschrägen, damit Wasser ungehindert ablaufen kann.
- Die Wände sollen insgesamt diffusionstechnisch richtige Schichtenfolgen haben, d.h. auch nicht mit Spachtelmassen, Holzersatzmassen oder dampfdichten Anstrichen abgesperrt werden. Der Aufbau sollte prinzipiell von innen nach außen immer mehr wärmedämmend und immer geringer dampfbremsend sein. Darüber hinaus sollen Wände grundsätzlich luftdicht sein, um Feuchtekonvektionen zu vermeiden.
- Fachwerkaußenwände sollen nicht mit Fliesen verschlossen werden, da dadurch das Ausdiffundieren von Feuchtigkeit verhindert wird.
- Fehlstellen, meist Fäulnis in den Fachwerkhölzern, nicht mit Beton, Putzmörtel, Spachtelmassen, Blechen oder dünnen Holzbrettern reparieren, da hinter Bleche oder Holzbretter Wasser eindringt und zu Fäulnis führt bzw. hinter Beton- oder Spachtelmassen Feuchtigkeit zu Wasser kondensiert und ebenfalls Fäulnisschäden hervorruft. [GERNER 1988]

Die in 3.2.1 bis 3.2.5 geschilderten Schäden wären bei Beachtung der konstruktiven Regeln nicht aufgetreten. Um hier alle Zweifel auszuschließen, werden die richtigen Lösungen zu den genannten Fällen dezidiert dargestellt.

Die Sockelhöhe mit der Fachwerkschwelle soll 0,50 m nicht unterschreiten. Sockelhöhen von 0,30 bis 0,50 m sind in geschützten Lagen und/oder auf den »wetterabgewandten« Gebäudeseiten u.U. noch vertretbar, meist ist aber die Feuchtebelastung durch Spritzwasser bei solchen Schwellenhöhen schon zu hoch und führt zu Schäden.

Ist die notwendige Schwellenhöhe nicht gegeben, z.B. durch spätere Anhebungen der das Gebäude umgebenden Flächen, so muß durch Tieferlegen der entsprechenden Flächen, durch Abgrabungen oder Böschungen Abhilfe geschaffen werden, wobei darauf zu achten ist, daß Haus und Haussockel dabei nicht zusätzlichen Feuchtebelastungen ausgesetzt werden, z.B. in Form von Gegenabböschungen zum Haus, Wasserableitungen und Dränagen.

Bei Schwellen, die durch eine frühere Maßnahme unter Erdniveau geraten sind oder durch eine geplante Baumaßnahme geraten werden, muß die Abhilfe noch weiter gehen. Hier kann ein durchgehender Schacht in der notwendigen Tiefe, d.h. mindestens 50 cm unter Schwellenunterkante und mindestens 50 cm Breite als Lösung dienen. Handelt es sich um Hof- oder Gehwegflächen, so ist der Schacht mit Gitterrosten abzudecken.

Steht ein Fundament oder Kellermauerwerk außen vor der Schwellenflucht vor, so kann eine einwandfreie Lösung nur durch Abschrägen des Fundamentvorsprungs erreicht werden. Dazu werden das Mauerwerk oder die Natursteine von der Unterkante der Schwelle (besser noch einige Zentimeter tiefer) in einer Neigung von mindestens 45° abgespitzt oder mit der Flexscheibe abgearbeitet. Bei saugfähigem Material muß die Schräge eine Abdeckung aus Zementmörtel erhalten.

Die Beachtung der Regeln zum konstruktiven Holzschutz beinhaltet weitestgehend auch den Schutz gegen Schlagregen. In stärkstem Maße dringt neben anderen Feuchteeinwirkungen bei Schlagregen Regenwasser über Risse und Anschlüsse in das Holz.

Schlagregenmessungen, die vom Deutschen Zentrum für Handwerk und Denkmalpflege im Rahmen eines vom BMBF geförderten Forschungs- und Enrtwicklungsprojektes an Fachwerkfassaden mit unterschiedlichen Mikroklimaten durchgeführt werden, zeigen, daß die Schlagregenbelastung einer Fassade neben den regional klimatischen Bedingungen (Regen, Wind) von der örtlichen Lage und der Gebäudeart abhängt. Weiterhin konnte bestätigt werden, daß die auf einen Fassadenbereich auftreffende Schlagregenmenge mit der Höhe des Gebäudes und somit mit steigender Geschoßzahl zunimmt.

Die Praxis zeigt, daß die Wetterseiten von Fachwerkbauten die größten Feuchteschäden aufweisen. Der Grund hierfür liegt in der starken Belastung dieser Flächen durch Regen und Schnee. Da in der Bundesrepublik Deutschland die Hauptwindrichtung Südwest ist und der Wind den Regen an die Südwestfassade drückt, sind die »Wetterseiten« die Südwestseiten, aber auch die Westseiten, während die übrigen Gebäudeseiten weniger strapaziert werden.

Die tatsächliche Schlagregenbelastung eines Gebäudes bzw. der Wetterseite eines Gebäudes läßt sich nur durch Regen- und Schlagregenmessungen über einen längeren Zeitraum genau ermitteln. Anderenfalls muß man in einem »Annäherungsverfahren« unter Einrechnung der örtlichen Bedingungen insbesondere der oben bereits genannten Faktoren die Schlagregenbeanspruchung ergründen.

Normativ ist die Schlagregenbeanspruchung in der DIN 4108 Teil 3 »Wärmeschutz im Hochbau« erfaßt. Die Schlagregenbeanspruchung eines Gebäudes wird danach in drei Beanspruchungsgruppen mit geringer, mittlerer und starker Beanspruchung eingeteilt. Im Anhang A der DIN ist dazu eine »Regenkarte zur überschläglichen Ermittlung der durchschnittlichen Jahresniederschlagsmengen« (die bis jetzt aber nur die westlichen Bundesländer umfaßt) angefügt. In dieser Regenkarte sind großflächig Gebiete mit entsprechenden Jahresniederschlägen, die mit den drei Beanspruchungsgruppen korrespondieren, dargestellt. Die Einteilung der Gebiete auf der Regenkarte wie auch die Beanspruchungsklassen an sich können aber für Fachwerkgebäude nur als grober Annäherungswert gebraucht werden.

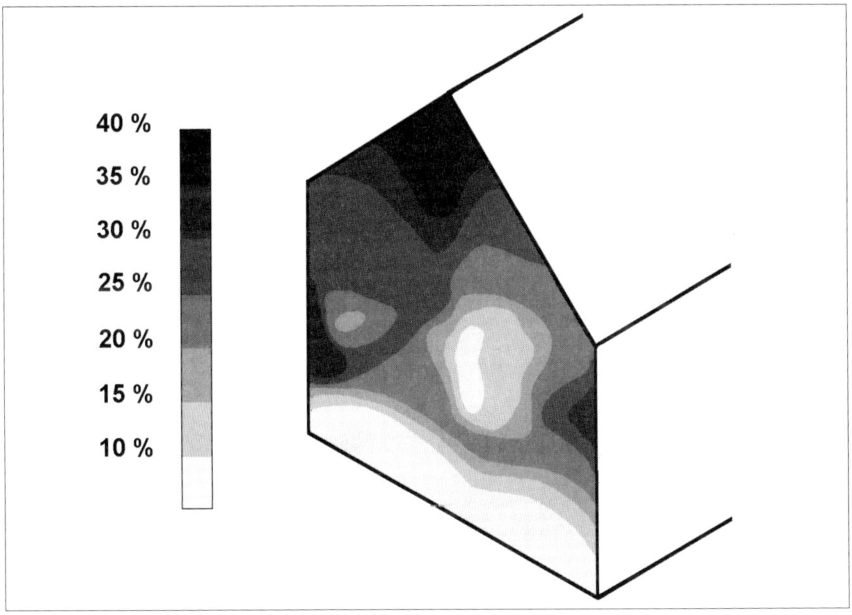

Abb. 58:
Verteilung der Schlagregenbeanspruchung im Mittel mehrerer Westgiebel gleichartiger Fachwerkhäuser in Hessen (in % der Niederschlagsmenge). (Grafik: Deutsches Zentrum für Handwerk und Denkmalpflege)

H. Künzel hat in der Auswertung von Untersuchungen sowohl im Hessenpark als auch eines Modellhauses in Holzkirchen errechnet, daß der Anfall von Schlagregen in »ausgesprochen geschützten Lagen« wohl 75 l pro Quadratmeter und pro Jahr nicht überschreitet. [KÜNZEL 1996]

Das Deutsche Zentrum für Handwerk und Denkmalpflege hat in seinen umfangreichen Messungen und Untersuchungen an zahlreichen Testhäusern in der gesamten Bundesrepublik Deutschland ermittelt, daß bei bewährten Ausfachungsmaterialien und Ausfachungstechniken 140 l Schlagregen pro Quadratmeter und pro Jahr als oberer Grenzwert nicht überschritten werden sollte. [ECKERMANN/VEIT 1996] (Der von Künzel ermittelte Höchstwert von 150 l wird dabei auf Grund der immer wieder festzustellenden punktuell sehr hohen Belastung nochmals um 10 l unterschritten.) Die Messungen des ZHD zeigten dabei Schlagregenbelastungen an den »Wetterseiten« bis über 40 % des gesamten Niederschlags, im Mittel ca. 20%.

In Gebieten mit der Beanspruchungsgruppe I fallen gemäß den ausgemittelten Werten der Regenkarte bis zu 600 mm Regen pro Jahr, in Regionen mit der Beanspruchungsgruppe II 600 bis 800 mm und in den Küstenregionen, einzelnen Mittelgebirgsgegenden sowie im Alpenvorland mit Beanspruchungsgruppe III im allgemeinen über 800 mm Niederschlag. Nimmt man einen Mittelwert von 20 % Schlagregen an, so ergibt dies in der Beanspruchungsgruppe I 120 l pro Quadratmeter und pro Jahr, also einen Wert, der in jedem Fall unter dem »Höchstwert« von 140 l liegt. Bei der Beanspruchungsgruppe II treffen danach ca. 140 l oder mehr pro Quadratmeter und pro Jahr als Schlagregen auf die Fassade auf und bei der Beanspruchungsgruppe III über 160 l. Dabei wird deutlich darauf hingewiesen, daß wegen der

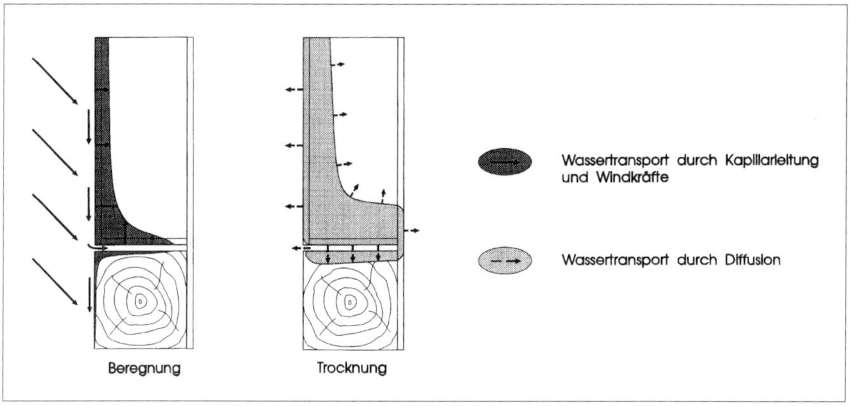

Abb. 59:
Wassertransport in einem Fachwerkgefach während und nach einer Regenbeaufschlagung. (Skizze: Deutsches Zentrum für Handwerk und Denkmalpflege)

zahlreichen Einflußfaktoren wie besonders exponierten Lagen, besonders exponierten Gebäuden oder besonders hoch herausragenden Gebäuden diese Zahlen und Rechenansätze nicht absolut sind. So können in Gebieten mit der Beanspruchungsgruppe I bei extrem der Witterung ausgesetzten Gebäuden oder Wetterseiten von Gebäuden auch bereits Schlagregenmengen auftreten, die einen konstruktiven Schutz verlangen, zum anderen liegen viele Fachwerkgebäude in Gebieten mit der Beanspruchungsgruppe II so geschützt, daß die Höchstschlagregenmengen unter 140 l liegen und damit Sichtfachwerk ohne Gefahren möglich ist.

Besteht die Gefahr, daß die Schlagregenmengen 140 l pro Jahr und Quadratmeter überschreiten, so muß mit konstruktiven Maßnahmen Abhilfe geschaffen werden. Dazu zählen Verkleidungen aus Schiefer, Ziegeln, Biberschwänzen, Brettschalungen, Schuppen- oder Nutschindeln oder Verputze. Andere konstruktive Mittel gegen den Schlagregen, die z.B. bei Neubauten eingeplant werden können, sind auskragende Geschosse, weite Dachüberstände oder Vordächer. Alle konstruktiven Maßnahmen dieser Art sind sowohl in den Materialien wie in den Details landschaftsgebunden und sollten traditionell weitergeführt werden. Beim Aufbringen einer Verkleidung

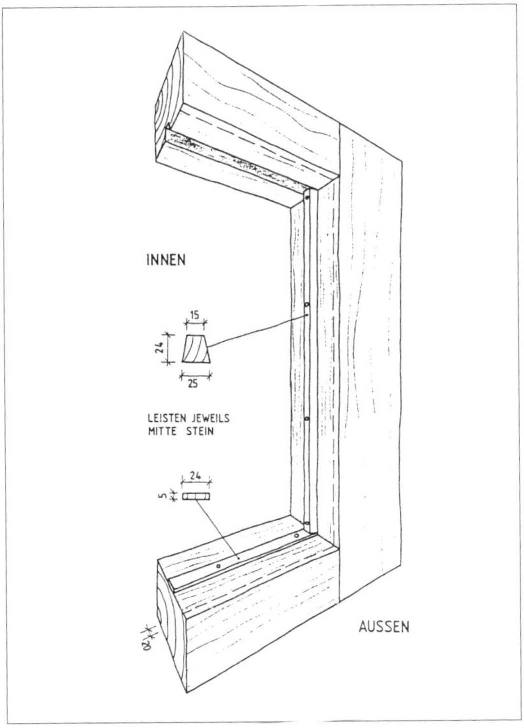

Abb. 60:
Gefacheanschluß mit einer Rechteckleiste unten, einer Trapezleiste seitlich und einer oberen Nut. (Zeichnung: Deutsches Zentrum für Handwerk und Denkmalpflege, Kugele)

auf der Wetterseite oder dem Verkleiden des gesamten Gebäudes sollte möglichst eine zusätzliche Wärmedämmung mit vorgesehen werden.

Soll im Zuge einer Sanierung eine Fachwerkfassade freigelegt werden, so sollte immer vor der Sanierung geklärt werden, ob nicht eine neue Verkleidung oder ein Neuverputz allein auf Grund der örtlichen Gegebenheiten von zwingender Notwendigkeit ist und ein Weglassen eines zusätzlichen Wetterschutzes zu einem Versagen des Fachwerksystems führen muß. [GERNER/WEIDIG 1994]

Für den Anschluß der Ausfachungen an die gefacheumschließenden Hölzer haben sich (trockene!) mindestens 1,5 cm starke Dreikantleisten oder Trapezleisten von 2,0 x 2,5 cm, aufgeschraubt oder genagelt, am besten bewährt. Dazu gibt es u.a. speziell zur Fachwerkausmauerung konzipierte wärmedämmende porosierte Leichtziegel mit einer entsprechenden Nut an der Seite, die über die Dreikant- oder Trapezleiste greift. Die Nut in den Steinen ist so dimensioniert, daß eine komplette Mörtelfuge um die Dreikant- oder Trapezleisten entsteht. Die Dreikant- oder Trapezleisten werden an die seitlich gefacheumschließenden Hölzer je nach Lage der Gefacheausmauerung mittig oder außermittig angebracht. An der Unterseite der Gefache ist

Abb. 61:
Ausmauerung mit speziell für die Fachwerkausfachung vorgesehenen gut wärmedämmenden und mit einer Nut zum Anschluß versehenen Ziegel mit Dreikantleiste.

Tab. 7:
Mindeststärken für Aufbohlungen

bis 12 cm Holzbreite	mindestens 40 mm Bohlendicke
bis 16 cm Holzbreite	mindestens 50 mm Bohlendicke
bis 20 cm Holzbreite	mindestens 60 mm Bohlendicke
bis 24 cm Holzbreite	mindestens 70 mm Bohlendicke
bis 28 cm Holzbreite	mindestens 80 mm Bohlendicke

eine flache Leiste von 0,5 x 2,5 cm günstig und am oberen Holz eine Nut (wie sie bei den früher ausgestakten Gefachen üblich war), die beim Ausmauern vermörtelt wird.

Ist für die Hölzer des Fachwerkskeletts zu feuchtes Holz eingebaut worden, können sich Dreikant- und Trapezleisten beim Holzschwund auch negativ auswirken, da sie dann wie ein Abstandhalter wirken und eine Fuge zwischen Leiste und Fachwerkhölzern entsteht.

Abb. 62:
Bei oberflächig durch Wurmfraß oder Fäulnis vermulmten Fachwerkstäben sind die zerstörten Teile sauber in Bohlenstärke auszustemmen und die Fehlstellen mit trockenen Bohlen der gleichen Holzart in der Breite der Fachwerkstäbe zu ergänzen. Die Bohlen werden kraftschlüssig genagelt oder geschraubt. Die Putzkerben sollten im Normalfall nicht nachgeahmt werden.

Brettaufdoppelungen müssen grundsätzlich vermieden werden. Unabhängig von Fragen der Originalität oder Dekoration bergen Brettaufdoppelungen zu große und zu viele technische Risiken. Müssen bei Reparatur-, Sanierungs- oder Restaurierungsmaßnahmen Aufdoppelungen z.B. als Ersatz für angegriffene Holzteile vorgenommen werden, so sollen die Aufdoppelungen zumindest in Bohlenstärke, d.h. 40 mm, besser aber 50 mm, vorgenommen werden. Da die Dicke der Bohlen – um Verformungen und Werfen zu vermeiden – abhängig sein muß von der Breite der aufzudoppelnden Hölzer, können die Maßvorschläge in der Tabelle auf Seite 99 Anhaltspunkte sein.

Die Bohlen können verschraubt oder genagelt werden. Wichtig ist, daß in Abhängigkeit zur Breite und Dicke der Bohlen die Abstände der Befestigung nicht zu weit auseinander liegen. Bei Nagelung von Eichenbohlen empfiehlt es sich, die Bohlen vorzubohren. Bei allen Anschlüssen ist darauf zu achten, daß möglichst wenig Wasser eindringen kann, dazu müssen vor allem die Stöße dicht schließen. Auch alle Aufdoppelungen müssen aus Holz mit Gleichgewichtsfeuchte ausgeführt werden. Da Fichtenbohlen- und Eichenblockware ausreichend abgelagert im Holzhandel zur Verfügung stehen, ist die Beschaffung trockenen Holzes für Aufbohlungen kein Problem.

Abb. 63:
Das Einschneiden der Bohlen auf der Rückseite vermindert die Gefahr des »Werfens«.

3.3 Schadensgruppe ungeeignete Werkstoffe und Werkstoffkombinationen

Die historischen Materialien im Fachwerkbau wie Eichen- oder Fichtenholz und Lehmstakung bzw. Lehmziegel, gebrannte Ziegel oder auch die sogenannten »Bimssteine« ließen sich gut kombinieren, erfüllten die bauphysikalischen Anforderungen und ergänzten sich so zu idealen Materialkombinationen.

So gut diese historischen Materialien und Materialkombinationen waren und sind, so sensibel reagieren sie auf ungeeignete, d.h. nicht in das System passende Werkstoffe oder Werkstoffkombinationen.

3.3.1 Ausfachungen aus Ortschaum und Mineralwolle

Die »Sanierung« eines zweigeschossigen Fachwerkwohnhauses aus dem späten 18. Jahrhundert wurde derart vorgenommen, daß angegriffene oder zerstörte Lehmausfachungen völlig ausgeräumt, die Gefache mit Mineral-

Abb. 64:
Bei drei Gefachen wurde der eingespritzte Ortschaum entfernt. Durchgehend zeigten sich bei den an das Gefach anschließenden Hölzern starke Schäden.

wolleplatten ausgefüllt, darauf beidseitig und annähernd holzbündig Streckmetall angebracht und schließlich auf diese Streckmetallbewehrung innen- und außenseitig Verputz aufgebracht wurde. Bei einem Teil der Ausfachungen wurden angegriffene Gefachefüllungen mit Stakung und Strohlehm belassen und die fehlende Gefachesubstanz mit Ortschaum (Montageschaum) ersetzt. Weiter wurden alle Schäden durch pflanzliche Holzschädlinge am Fachwerkskelett wie größere Fehlstellen, Hinterfaulungen und Kernfäule nur grob von Mulm und losen Teilen befreit und auch hier die fehlende Substanz durch eingespritzten Ortschaum ersetzt. Schließlich war auf intakte Lehmausfachungen ein Kalkzementputz ohne Träger oder Bewehrung direkt auf den Lehm aufgetragen worden.

Das Schadensbild stellte sich so dar, daß ein Teil des Verputzes stark gerissen, partiell auch bereits abgefallen war und der Rest noch stehender Putzflächen völlig hohl lag. Vor allem aber waren die Fachwerkhölzer in vielen Partien, in welchen der Ortschaum die Holzoberfläche abdeckte, stark von Fäulnis angegriffen.

Abb. 65:
Mit Mineralwolle zwischen Streckmetall ausgestelltes Gefach.

Die umfangreiche Sanierung der Sanierung umfaßte

- das Abschlagen aller Putzfelder,
- Ausräumen aller mit Schaum gefüllten bzw. mit Mineralwolle ausgestellten Gefache,
- Reinigen der gesamten Holzsubstanz,
- Reparatur des Fachwerkskeletts mit Vollholz,
- Neuausfachung der Gefache,
- Aufbringen eines Putzträgers bei den wenigen lehmgefüllten Gefachen, die stehenbleiben können,
- Aufbringen eines Grundierungs- und Holzschutzmittels auf dem Fachwerkskelett,
- Neuverputz der Gefache,
- Neuanstrich der Gefache und Fachwerkhölzer.

3.3.2 Fugenschaum / Fugenversiegelung

Eine 1984 sanierte und als Wohnhaus umgenutzte Fachwerkmühle weist folgenden Wandaufbau von außen nach innen auf:

- 2 cm Kalkzementputz der Mörtelgruppe II,
- 10 cm Porenbetonausmauerung geklebt, wobei die Fugen zwischen den Porenbetonsteinen und den umrahmenden Gefachehölzern vollflächig mit Ortschaum ausgespritzt wurden,
- 5 cm Perliteschüttung,
- 20 cm Porenbetonmauerwerk geklebt,
- 1,5 cm Innenputz.

Nach 12 Jahren Standzeit mußte ein Teil der Fachwerkwände notunterstützt werden, um ein Einstürzen des Gebäudes zu verhindern. Die Untersuchung im Rahmen eines Beweissicherungsgutachtens zeigte folgende Schadensmerkmale:

»Die Fachwerkhölzer der weniger wetterbeanspruchten Traufseite klingen beim Abklopfen teilweise hohl. Nach dem Herausnehmen einer Gefachefüllung zeigt sich, daß die an das Gefach anschließende Strebe mehrere Zentimeter tief und der Brüstungsriegel bis auf eine dünne äußere Schicht vollständig von pflanzlichen Holzschädlingen zerstört ist. Nach dem Ausbau weiterer Gefache zeigen sich ähnliche Schäden an den Hölzern, wobei die Hölzer fast durchgehend ca. 3 cm tief verfault sind.

Der Giebel ist notunterstützt und alle Gefache sind ausgebaut. Dieser Giebel ist dem Wetter am stärksten ausgesetzt und so stark angegriffen, daß das

Fachwerkwandgefüge sich nicht einmal mehr selbst tragen konnte und deshalb bereits notdürftig repariert wurde.

Die Schwelle dieser Giebelwand ist bis zu 5 cm Tiefe von oben von pflanzlichen Schädlingen zerstört, alle Ständer, Streben und Riegel sind zum größeren Teil bis auf mehrere Zentimeter Tiefe angegriffen.

Es zeigt sich an dieser Wand ein weiterer Mangel. Die vor rund 12 Jahren eingebauten verzinkten Metallverbinder sind trotz der Verzinkung stark korrodiert und haben in Wechselwirkung ebenfalls zur Holzzerstörung beigetragen. Durch die Korrosion sind die Stahlformteile bis auf die Hälfte ihrer ursprünglichen Metallstärke geschwunden.«

»Die Schadensursachen setzen sich aus einer Reihe von Mängeln zusammen. Der weitaus größte Teil der Schäden am Holz basiert eindeutig aus dem Ausspritzen der Fugen zwischen Holz und Gefach mit einem Ortschaum. Dieser Schaum verhindert das Austreten von Feuchte aus dem Holz, sorgt praktisch dafür, daß das Wasser lange im Holz stehen bleibt und damit wieder die Basis für pflanzliche Schädlinge bildet. Ein solches Ausschäumen ist völlig unüblich.

Abb. 66 und 67:
Nach dem Ausbau der Gefache zeigten sich bei dem mit Ortschaum und dauerelastischen Fugenversiegelungsmassen zwischen Hölzern und Gefachen »abgedichteten« Fachwerk deutlich bis zu mehrere Zentimeter in die Tiefe gehende Fäulnisschäden.

Weiter hat der Gesamtwandaufbau mit Kondensatausfall auf der Innenseite der Fachwerkhölzer einen geringen Beitrag zum Schaden geliefert.

Auch die Verwendung der Stahlblechformteile statt originaler Holzverbindungen in der Fassade hat einen relativ kleinen Schadensbeitrag geleistet.«

3.3.3 Fliesen auf Holz

Bestimmte Materialkombinationen sind wegen des physikalisch unterschiedlichen Verhaltens der verwendeten Materialien grundsätzlich zum Scheitern verurteilt. Eine solche Kombination sind Fliesen mit Eigenschaften wie »hart, spröde, starr« auf Holz mit den Eigenschaften »elastisch, verformbar, mit ständigen Quell- und Schwindbewegungen«.

Bei einem Holzständerbau wurden auf den Balkendecken Fliesen verlegt und ebenso umfangreich großformatige Fliesen als Wandverkleidungen auf den Innenwänden wie auf den Innenseiten der Außenwände verlegt.

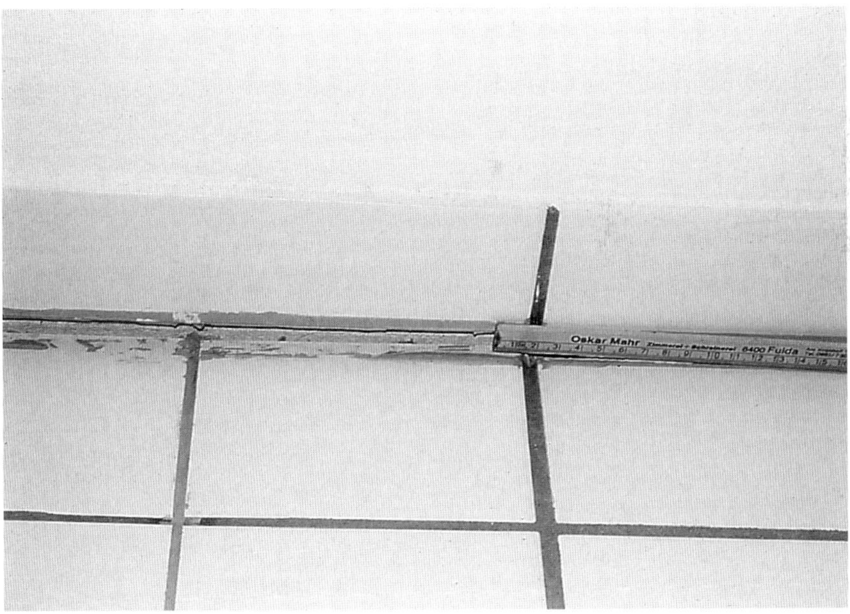

Abb. 68:
Durch das Schwinden der Deckenbalken klafft mehr als ein Zentimeter Fuge zwischen den Boden- und Sockelfliesen.

Im Rahmen der Untersuchungen mußten folgende gravierende Mängel festgestellt werden:

Raum 1: Im Bereich der zangenförmig ausgebildeten Deckenbalken sind starke Schwunderscheinungen festzustellen. Der Wandbalken ist abgerissen, es hat sich eine stark klaffende Fuge zwischen Wand und Balken gebildet. Der gemauerte Kamin zeigt klaffende Anschlüsse. Der Fliesensockel ist an vielen Stellen abgerissen und lose.

Raum 2: Bei den Ständern in der Außenwand im Abstand von ca. 1 m sind durchgehend Risse in den Fliesen festzustellen.

Raum 3: Die Decke ist an mehreren Stellen um mehr als 1 cm abgesunken. Es handelt sich dabei nicht um ein Durchbiegen, sondern um ein Schwinden der Balken, da der Mangel gleichmäßig auch in der Nähe der Auflagerbereiche auftritt. Deutliche Abrisse sind auch in diesem Raum festzustellen, insbesondere Fugenabrisse zwischen Wand- und Bodenbelag. Die Prüfung der Holzabmessungen ergibt einen starken Schwund gegenüber den Einbaumaßen der Hölzer (bis zu über 1 cm) in einer Richtung des Holzquerschnitts.

Abb. 69:
Das Quellen und Schwinden der Ständer führte zu Rissen in den Fliesen genau in den Ebenen der Hölzer.

Raum 4: Die Ständer in der Außenwand sind so stark geschwunden, daß trotz der Verwendung von Versiegelungsmassen Durchblicken von innen nach außen möglich ist. Der Schwund des Holzes gegenüber der Fliesenflucht beträgt zwischen 7 mm und 1 cm. An mehreren Stellen zeigen sich Risse in den Fliesen, insbesondere jeweils im direkten Bereich und Bezug zum Verlauf der Hölzer. Zahlreiche Bodenfliesen liegen lose, es gibt Fugenabrisse und mehrere durchgerissene Fliesen.

Die Schäden basieren im wesentlichen auf zwei Ursachen, zum einen wurde durchgehend zu feuchtes Holz eingebaut, zum anderen lassen sich Fliesen auch mit einer Trägerschicht aus Platten nicht schadensfrei unmittelbar auf nichtmaßhaltigen Holzteilen aufbringen. Praktisch alle Risse und Abplatzungen haben sich durch Holzschwund und durch Holzverformungen ergeben.

3.3.4 Universalkleber und Reparaturmörtel

Klebemittel und Spachtelmassen sind vielfach wegen ihrer Dampfundurchlässigkeit auf nicht maßhaltigen Holzteilen ungeeignet.

An einem zweigeschossigen gut gepflegten Fachwerkhaus aus dem frühen 18. Jahrhundert sollten die leicht angewitterten und mit natürlichen Rissen versehenen Holzoberflächen im Rahmen eines Neuanstrichs wieder ein glattes und perfektes Aussehen erhalten. Dazu wurde zunächst eine Spachtelmasse, die der Hersteller als Universalkleber und Reparaturmörtel für kleinere Ausbesserungen einstuft, durchgehend auf alle Hölzer aufgespachtelt und anschließend ein Acrylanstrich aufgebracht.

Die Untersuchungen erbrachten folgendes Schadensbild:

»Auf dem straßenseitigen Giebel, der 'Wetterseite', hat sich der Anstrichaufbau samt der daruntersitzenden, flächig aufgetragenen Spachtelmasse großflächig vom Untergrund, den Hölzern der Fachwerkkonstruktion, gelöst. Zum Teil sind die Anstrichmaterialien samt den Spachtelmassen abgefallen und das blanke, unbehandelte Holz steht frei, zum anderen Teil haben sich die Anstrich- und Spachtelmaterialien an den Holzrändern gelöst.

An den von der Witterung weniger beanspruchten Fassaden sind die Schäden geringer, aber in Form von Rissen, bzw. Ablösungen an den Holzrändern und Hohlstellen ebenso vorhanden.

An der Erdgeschoßschwelle sind die Schäden insgesamt größer, da hier auf das vorspringende Mauerwerk eine Aufkantung geputzt wurde, hinter die Feuchtigkeit dringt. Der Sockel ist mit einem Nylongewebe überspannt, welches mitsamt dem Farbauftrag, einer Dispersionsfarbe, hohl steht, bzw.

abblättert. An den geöffneten Stellen zeigen sich unter dem Nylongewebe Stockflecken.«

Die Schadensursache rührt im wesentlichen daher, daß sich die Spachtelmasse für nichtmaßhaltige Holzteile, um die es sich bei einer Fachwerkkonstruktion handelt, nicht eignet, da sie »zum einen die Schwind- und Quellbewegungen des Holzes, welche durch die Angleichung der Holzfeuchte an die jahreszeitlich unterschiedliche Luftfeuchte (Gleichgewichtsfeuchte) entstehen, nicht in ausreichendem Maße mitvollzieht. Mehr aber noch wirkt sich negativ aus, daß die Spachtelschicht das Abdampfen von Feuchtigkeit – z.B. die mit dem natürlichen Dampfdruck nach außen drückende Feuchtigkeit – nicht oder nur völlig unzureichend zuläßt.

Die sich direkt unter der Spachtelmasse ansammelnde Feuchtigkeit hat die Spachtelmasse, samt den Anstrichschichten abgedrückt, bzw. die Tau- und Frostwechsel haben zu diesem Abdrücken geführt. Das Schadensbild verdeutlicht diese Aussage, da das Holz direkt unter der Spachtelmasse, also auf der äußeren Holzoberfläche an den geöffneten Stellen stark durchfeuchtet war.«

Abb. 70:
Anstrichschichten und Spachtelmassen haben sich vom Holz gelöst, da die Spachtelmasse zu spröde war und den Bewegungen des Holzes nicht folgen konnte.

3.3.5 Zum Bauen ungeeigneter Lehm

Ein stattlicher mehrgeschossiger Fachwerkbau im Westen Deutschlands wurde von 1982 bis 1983 vollkommen saniert und modernisiert. Dabei wurde auch ein Teil der Gefachefüllungen aus Lehmstakung ausgewechselt. Aus denkmalpflegerischen Gründen wie auch auf der Grundlage vieler Vorzüge des Baustoffes Lehm wurden die neuen Gefachefüllungen wieder mit Lehmstakung hergestellt. Dazu wurden die alten Lehmreste ausgebaut, neue Stakhölzer aus altem Eichenholz in die Nuten der waagerechten Fachwerkhölzer eingeschlagen und dieses Stakholzgerüst mit Weiden- und Haselnußruten ausgeflochten. Darauf wurde ein Lehmschlag aus einem hellgelben Lehm aufgebracht. Da dieser Lehm bereits nach kurzer Zeit starke Risse zeigte, wurde für den Rest der Arbeiten sowie für den Lehmputz ein anderer rötlicher Lehm verwendet. Auf dem Lehm wurden zwei Grundierungen und zwei Anstriche eines Mineralfarbsystems aufgebracht.

Bereits nach einem Jahr zeigten sich gravierende Schäden. Praktisch alle neu eingebauten untersuchten Gefachefüllungen saßen nicht mehr fest und ließen sich in Richtung senkrecht zur Wand um einige Millimeter bis zu einem Zentimeter bewegen. An mehreren Stellen saßen Lehmteile bereits vollkom-

Abb. 71:
Durch den mehlig und locker gewordenen Lehm beulen sich die Gefache zuerst aus und fallen dann auch partiell ab.

men lose und zeigten Ausbauchungen, Beulen und Risse. Bei der Prüfung der Gefache zeigte sich deutlich, daß nicht nur eine dünne Oberschicht des Gefachelehms lose saß, sondern der Gefachelehm bis zu seinen innersten Schichten locker ist. Die herausgenommenen Proben zeigten deutlich, »daß drei Schichten vorhanden sind, die weder untereinander, noch mit dem Untergrund ausreichend haften. Die oberste 'Lage' besteht aus der Mineralfarbschicht, verbunden mit einer ca. 1 mm starken Lehmschicht, welche durch die Grundierung der Mineralfarbe gefestigt und mit dieser verklebt ist. Die zweite 'Lage' besteht aus ca. 0,5 bis 1,5 cm starkem roten Lehm und die dritte 'Lage' aus bis zu etwa 5 cm starkem gelblichen Lehm. Insbesondere der gelbliche Lehm ist mehlig locker und läßt sich sowohl mit dem Finger eindrücken, als auch mit der Hand leicht abkratzen.

Ganz eindeutig weist insbesondere der gelbliche Lehm eine für Lehmarbeiten ungünstige Zusammensetzung auf, d.h., dieser Lehm ist ungeeignet. Die vorläufige Prüfung ergab mittels eines Salzsäuretests, daß der Lehm hohe Beimengungen an Kalk (mindestens 5 %) enthält. Gemäß der DIN 1169 vom Juni 1947 ist der Zusatz von Kalk zwecklos bzw. mindert Kalkgehalt die Festigkeit. Bei der Fett/Magerprobe platzte die Lehmprobe schon nach einem Tag

Abb. 72:
Die einfache Probe der Haftung des Lehms auf Ziegelsteinen (gemäß den alten Lehmnormen) im Vergleich mit Proben guten Baulehms zeigen, daß der verwendete Lehm nicht zum Bauen geeignet war.

vom Stein ab und löste sich nach drei Tagen vollständig vom Ziegeluntergrund, so daß auch diese Prüfung die Untauglichkeit nachwies.

Der ungeeignete Lehm konnte auch nicht als Anstrichgrund dienen, so daß die Grundierung des Anstrichs zwar eine dünne Schicht Lehm zusammenklebte, eine weitergehende dauerhafte Haftung aber nicht erfolgte.«

3.3.6 Fachwerkreparaturen mit Beton und Mörtel

Risse im Holz und klaffende Holzverbindungen wurden in den vergangenen Jahrhunderten gelegentlich mit Kalkmörtel, meist mit starken Zusätzen von Kuhhaaren oder Hanffasern gefüllt. Entsprechende Arbeiten müssen unter »Schönheitsreparaturen« eingeordnet werden. Auf stark witterungs- bzw. regenbeanspruchten Fassaden hielten die Füllungen nicht lange, sondern wurden schnell ausgewaschen. An geschützten Fassaden, die auch ausreichend mit Wiederholungsanstrichen gepflegt wurden, hielten diese Rissfüllungen oft über viele Jahrzehnte.

Abb. 73:
Untauglicher Reparaturversuch: der Brüstungsriegel unter dem Fenster ist bereits betoniert. Zur „Reparatur" des Streichständers mit Beton wurde die Bewehrung eingebaut.

[redacted]

Abb. 74 und 75:
Ebenfalls untauglich: große Fehlstellen im Bereich der Holzverbindungen wurden mit Steinresten, Mörtel und Ortschaum gefüllt, die Fläche dann mit einem aufgenagelten Brett geschlossen. Abb. 74 im »geschlossenen« Zustand, Abb. 75 im »geöffneten« Zustand.

In den jüngsten Jahren wird häufiger versucht, größere Faul- und/oder Fehlstellen in den Hölzern des Fachwerkskeletts in Form von »billigen« Reparaturmaßnahmen mit Mörtel oder gar Beton auszufüllen.

An einem Fachwerkgebäude in Nordhessen waren durch schlechte Details der Fensteranschlüsse und Undichtigkeiten in der äußeren Fensterbank die Brüstungsriegel unter den Fenstern völlig von Fäulnis zerstört und die anschließenden Fensterstreichständer jeweils bis zu 2/3 ihres ursprünglichen Querschnitts verfault. Die »Sanierung« wurde mit Beton geplant und ausgeführt. Dazu wurden alle vermulmten Holzteile ausgeräumt, im Bereich der fehlenden Hölzer und Holzteile eine Bewehrung aus dünnem Baustahlgewebe eingebaut, weiter entsprechende Schalungen errichtet und schließlich alle Fehlstellen mit relativ dünnflüssigem Beton ausgegossen und verdichtet.

Zwischen dem Beton und dem Holz kam kein dichter Anschluß zustande, so daß kontinuierlich Wasser in diese Fugen eindrang und zu dauernder Feuchte in den anschließenden Hölzern führte. Darüber hinaus kondensierte vom Innenraum in die Wand eindringender Dampf am »kalten« Beton. Dies führte zu weiterer Feuchteanreicherung, insbesondere in den Randbereichen der Hölzer - und schließlich wiederum zu erheblichen Fäulnisschäden.

3.3.7 Grundsätze zu geeigneten und ungeeigneten Werkstoffen und Werkstoffkombinationen

Alle geeigneten Werkstoffe und Werkstoffkombinationen für die Bauunterhaltung und Sanierung von Fachwerkfassaden können hier allein schon deshalb nicht angeführt werden, da die jeweils vorhandene Substanz an Hölzern, Ausfachungsmaterialien und Ausfachungstechniken zu viele Varianten aufweist. Es werden deshalb hier die grundsätzlichen und in jedem Falle zu berücksichtigenden bautechnischen und bauphysikalischen Bedingungen angeführt:

- Holz ist – auch im Vergleich zu anderen Baumaterialien – besonders feuchteempfindlich. Die Feuchteempfindlichkeit wird durch drei Merkmale gekennzeichnet (Abschnitt 3.1.4 »Verhinderung/Vermeidung von Schäden durch zu hohe Holzfeuchte).
  - Holz ist hygroskopisch und saugt quer zur Faser, insbesondere aber in Faserrichtung, stark Feuchtigkeit auf.
  - Mit Feuchtezu- und -abnahme quillt oder schwindet das Holz.
  - Ab ca. 20 % Holzfeuchte finden pflanzliche Holzschädlinge wie Schwämme und Pilze ausreichend gute Lebensbedingungen.

- Zusätzliche Feuchtebelastungen müssen deshalb bei allen Konstruktionen weitestgehend ausgeschlossen werden, weitergehend muß dafür Sorge getragen werden, daß das Holz nicht von Materialien umschlossen wird, die das natürliche Verdunsten und Verdampfen von Feuchtigkeit aus dem Holz unterbinden oder nachhaltig verschlechtern. Deshalb sind dampfdichte Schäume, dampfdichte Spachtelmassen und ähnliche Materialien (Abschnitt 3.5) zu vermeiden. Ebenso ist das Ausfüllen von Schadensstellen mit Beton oder Mörtel auszuschließen.
- Nichtmaßhaltige Bauhölzer, dazu zählen alle Fachwerkkonstruktionen, sind allein schon wegen des im Jahreszyklus unterschiedlichen Feuchtegehaltes nicht formstabil und können deshalb Materialien, die die Formänderungen nicht auffangen können, nicht direkt als Träger dienen. Fliesen, Spaltklinker und Klinkerriemchen lassen sich deshalb nicht direkt auf Holz verlegen bzw. benötigen besonders präparierte Untergründe und möglicherweise auch Abstände, die die Formänderungen des Holzes abfangen. Auch bei Fliesen, Klinkern und ähnlichen Materialien ist zu beachten, daß sie den Austritt von Feuchte aus dem Holz be- oder sogar verhindern.
- Die Schlagregenbelastung wird häufig unterschätzt (Abschnitt 3.2.6 »Vermeidung von Konstruktionsfehlern«)
- Die Ausbildung der Gefachefüllungen und der Anschluß dieser Ausfachungen an das Holz ist immer problematisch und ist auch heute oft nicht mit einfachen Standards aus der Rezeptkiste zu lösen. Die Gefachefüllung – gleich aus welchem Material – muß in der Lage sein, die nicht auszuschließenden Bewegungen und Verformungen des Holzskeletts mitzumachen oder aufzufangen. Die entsprechenden Kräfte greifen insbesondere in den Fugen zwischen Ausfachung und Holzskelett an. Alle historischen Gefachematerialien und Konstruktionen erfüllten diese Anforderungen. So fangen die mit Lehmschlag ausgefüllten Gefache die Holzbewegungen regelrecht elastisch auf. Der Lehm besitzt zudem die Eigenschaft, bei Feuchteaufnahme stark zu quellen, so daß z.B. bei Feuchtebelastung durch Regen der Lehm quoll und die Fugen dadurch dichter wurden. Bei Ausfachungen mit Natursteinen oder Ziegeln arbeitete man mit möglichst weichen Mauer- und Fugenmörteln und mit Kalk als Bindemittel, um die notwendige Elastizität über den Fugenmörtel zu erreichen. Dazu war ein hoher Fugenanteil, d.h. möglichst kleinformatige Steine notwendig. Gleich ob Lehm- oder Kalkmörtelfugen zwischen Gefacherand und Hölzern: diese Materialien sind schnellem Verschleiß unterworfen und mußten dementsprechend oft repariert und erneuert werden.

Alle Bedingungen bestehen auch heute noch und deshalb ist es wichtig, keine starren Gefache aus Beton oder großformatigen verklebten Steinen herzustellen bzw. Gefache mit Zementputz zu versehen. Lehmstakungen sind auch heute noch gute Gefachefüllungen, neu allerdings schwer und teuer herzustellen. Weiter sind alle Ausfachungen aus kleinformatigen, gut wärmedämmenden Steinen in »weichem« Kalkmörtel vermauert günstig.

Dazu zählen auch die vom Deutschen Zentrum für Handwerk und Denkmalpflege mit entwickelten Lauterbacher Poroton-Fachwerksteine mit einer Ziegelrohdichte von 1,2 kg/dm^3 und der Druckfestigkeitsklasse 2, die fabrikmäßig mit einer Nut ausgestattet sind. Diese Nut wird über die Dreikant- oder Trapezleisten geschoben und gewährleistet einen sicheren Anschluß des Gefaches an das Holz.

In den letzten Jahren werden vielfach Gefache auch mit Leichtmörteln geschlossen.

3.4 Schadensgruppe mangelhafte Verarbeitung

Nicht größer als die anderen Schadensgruppen, aber sehr viel differenzierter, sehr viel weiter gestreut, sind die Verarbeitungsmängel. Eine klare Abgrenzung der Mängel aufgrund von Holzfeuchte, mangelhaften Konstruktionen und ungeeigneten Werkstoffkombinationen sowie Verarbeitungsmängeln ist kaum möglich. Bei den Verarbeitungsmängeln liegt der Schwerpunkt deshalb auf den manuellen Tätigkeiten. Die betroffenen Gewerke reichen von den Zimmerern über Maurer, Stukkateure bis zu den Malern.

3.4.1 Unzureichendes »Gesundschneiden«

An einem zweigeschossigen Fachwerkgebäude des frühen 19. Jahrhunderts in Nordhessen entstand wegen erheblicher Mängel an der Fachwerkfassade eine gerichtliche Auseinandersetzung. Die Untersuchung vor Ort ergab folgende Feststellung:

»Der gesamte Giebel zeigt zahlreiche Fehlstellen, insbesondere Putzabplatzungen, Putzrisse, teilweise provisorisch erneuerte und farblich nicht behandelte Putztafeln, Farbabplatzungen am Holz sowie erhebliche, die Tragstabilität und Standfestigkeit einschränkende Holzzerstörungen.

Praktisch alle Putztafeln klingen beim Anklopfen hohl, d.h. sie sind lose. Zum Teil stehen die Putztafeln vor der Vorderkante der Fachwerkhölzer nach außen vor, in anderen Fällen sind sie an den Ecken »aufgeschüsselt«, d.h. nach außen gebogen.»

Zur genaueren Abklärung wurden mehrere Gefache, aber auch die Spachtelmasse auf den Hölzern abgenommen.

»Nach dem Abnehmen der Spachtelmasse ist deutlich an der Unterseite dieser Spachtelmasse wie auch am Holz zu erkennen, daß die Fäulnisschäden bereits vor der Verspachtelung vorhanden waren. Die grobe Untersuchung des Putzes zeigt eine gleichmäßige Körnung unter 1 mm aus gewaschenem Sand. Als Bindemittel wurde im wesentlichen Kalk verwendet. Die Festigkeit wird noch in die Mörtelgruppe P1C Hydraulikmörtel eingeordnet. Der Putz hat eine gute Haftung auf dem Untergrund.«

Bei einem Teil der Gefache ist der Verputz bereits herausgefallen.

»Die Holzoberfläche zeigt an mehreren Partien Würfelbruch, ein typisches Merkmal für von pflanzlichen Holzschädlingen angegriffene Holzsubstanz. An den Kanten der Spachtelmasse ist zu erkennen, daß dieser »Würfelbruch«

Abb. 76:
Fassadenausschnitt mit teilweise abgefallenen Putztafeln, aber auch während der Untersuchung geöffneten Ecken an den Holzverbindungen.

schon bei der letzten Instandsetzung vorhanden war. Zum Teil wurde auf die Würfelbruchoberfläche gespachtelt und gestrichen. Oberflächen, die von pflanzlichen Holzschädlingen so stark angegriffen sind, daß sie bereits würfelbruchartige Strukturen zeigen, sind als Anstrichgrund untauglich.«

Die Gesamtbeurteilung ergibt neben Schäden, die durch zu dünnen Putz auf Holzwolleleichtbauplatten bzw. Kalkzementputz auf Lehmstakung ohne Bewehrung entstanden, als Hauptursache für die Schäden das Belassen von zu vielen stark durch pflanzliche Holzschädlinge angegriffenen oder zerstörten Holzteilen anläßlich der letzten großen Sanierung. »Bei der Sanierung 1988/89 wurde das Fachwerk zu wenig 'gesundgeschnitten', d.h. zu wenig von pflanzlichen Schädlingen angegriffenes Holz wurde teils ausgetauscht, angeschuht oder aufgebohlt. Weiter wurde bei den Gefachen des 1. Obergeschosses und des Giebeldreiecks direkt auf den Lehm, ohne Putzträger bzw. Putzarmierung ein zu dünner Verputz aufgebracht. Da dieser Giebel die »Wetterseite« des Gebäudes darstellt, wurde sie am stärksten von der Witterung beansprucht. Die starke Witterungsbeanspruchung in Verbindung mit den obengenannten Ausführungsmängeln hat zu den schweren Schäden in kürzester Zeit geführt.«

Abb. 77:
Unter den Spachtelmassen befindet sich »Würfelbruch«, die ausgetrockneten Reste eines früheren Schwammbefalls, der vor allen Maler- und Putzarbeiten hätte gesundgeschnitten werden müssen.

Abb. 78 und 79:
Völlig unzureichende »Reparaturmaßnahmen« mit Stahlformteilen und Rispenband.

3.4.2 Stahlformteile als Verbindungsmittel

Bei der Sanierung eines eingeschossigen Fachwerkgebäudes in Nordrhein-Westfalen wurden die stark von tierischen und pflanzlichen Holzschädlingen angegriffenen Schwellen entfernt und die Ständer wegen des unterschiedlichen Zerstörungsgrades in unterschiedlichen Höhen abgeschnitten. Für die Reparaturanschlüsse wurden ausnahmslos stumpfe Holzverbindungen gewählt, auch z.B. bei Reparaturanschuhungen von Ständern, und diese Verbindungen wurden dann mit Rispenband, Nagelblechen und Eckwinkeln »gesichert«.

Insbesondere bei den Ständern sind solchermaßen »gesicherte« Verbindungen untauglich, da die Knicksteifigkeit der Fachwerkstäbe nicht mehr gegeben ist. Im hier beschriebenen Fall knickten die Ständer bereits vor der Ausmauerung bei nur geringsten Belastungen aus. In der Zusammenfassung für das Beweissicherungsgutachten mußte festgestellt werden: »Die Zimmererreparaturarbeiten sind in primitivster Art mit Hilfsmitteln aus dem modernen Ingenieurholzbau durchgeführt. Diese Art von Reparaturen ist nicht für das Baugefüge Fachwerk gedacht und geeignet. Durch die stumpfgestoßenen Ständer und die noch nicht hergestellte Verbindung zwischen Schwelle und Betonsockel ist das Fachwerk derzeit nicht standsicher.«

3.4.3 Putz auf Lehmstakung

An einem zweigeschossigen Fachwerkhaus in Nordhessen wurden 1983/84 umfangreiche Sanierungsmaßnahmen vorgenommen. Die Arbeiten wurden auf der Basis präziser Ausschreibungsunterlagen ausgeführt. 1985 zeigten sich erhebliche Schäden an den Rißausspachtelungen im Holz, an zu feucht eingebautem neuen Holz, am »Werfen« von Brettaufdopplungen, vor allem aber in Form loser bzw. und/oder gerissener Putztafeln in den Gefachen.

Bei der Untersuchung für ein Beweissicherungsverfahren mußte festgestellt werden, daß in zahlreichen Gefachen der Putz lose sitzt bzw. die Putztafeln größere Hohlstellen aufweisen. In den einzelnen Putzflächen der Gefache zeigen sich Risse und partiell auch Abplatzungen. Die Ursachen für die Risse wie auch für die Abplatzungen sind in erster Linie darin zu suchen, daß der Gefacheputz zumindest zum Teil direkt auf den Lehm bzw. die Lehmziegel ohne Einbau eines Putzträgers oder einer Putzbewehrung aufgebracht wurde. Der Putz hat keinerlei chemische, sondern allenfalls mechanische insgesamt ungenügende Haftung, so daß bereits leichte Erschütterungen und Bewegungen im Fachwerk zum Platzen, Reißen und Abfallen des Putzes führten. Die ungewöhnlich großen und starken Risse zwischen den Hölzern und dem

Abb. 80:
Fassadenausschnitt mit gerissenen, aufgewölbten und partiell abgefallenen Putztafeln.

Abb. 81:
Das Detail einer Gefachecke zeigt, daß der Putz keine Haftung auf der Lehmstakung hat.

Putz rühren von unterschiedlichen Ursachen wie dem Holzschwund wegen zu feucht eingebauten Hölzern, aber auch dem Überputzen von Holzteilen.

In einem ähnlichen Fall wurden an einem Fachwerkgebäude in Mittelhessen die streitbefangenen Putzarbeiten im Spätherbst 1986 durchgeführt. Bis zum Jahre 1990 zeigten sich erhebliche Mängel, insbesondere weil auch hier kein Putzträger oder eine Putzbewehrung eingebaut worden war und darüber hinaus der Putzmörtel bedingt durch einen hohen Zementanteil zu sehr harten Putztafeln geführt hatte.

Im Ergebnis der Untersuchung anläßlich einer Ortsbesichtigung mußte nach dem partiellen Öffnen eines Gefaches festgestellt werden, »daß hier das Lehmgefach nicht vor Aufbringung des Putzes in der Schrumpffuge zum Fachwerk hin von Putzresten befreit wurde, so daß keine Überdeckung des Putzes in die Fugen hinein erfolgte. Dadurch drang zwar an dieser Stelle kein Wasser in das Gefach ein, aber insgesamt hatte der Putz, der nicht kassettenartig den Gefachelehm umgreifen konnte und auch nicht mittels eines Putzträgers befestigt ist, keine ausreichende Haftung.«

Das Gebäude mit ursprünglichen Lehmgefachen ist starken Erschütterungen aus dem Straßenverkehr ausgesetzt. Bei Lehmgefachen ist an sich bereits – noch mehr aber bei möglichen Erschütterungen aus dem Straßenverkehr – ein Putzträger oder eine Putzbewehrung absolut notwendig. Bei weiteren geöffneten Lehmgefachen wurde ebenfalls kein Putzträger oder eine Putzbewehrung angetroffen. Die durchgehende Prüfung ergab, daß der gesamte Gefacheputz nur noch lose aufsitzt.

3.4.4 Zementputz

An einer zweigeschossigen Fachwerkfassade in Westdeutschland war der stark zementhaltige, aber unbewehrte Verputz schuld daran, daß insbesondere in den dreieckigen Gefachen mit auf Null auslaufenden Ecken der Putz abbröckelt und herausfällt. »Die von der Universität Gesamthochschule Siegen, Fachbereich 8, Bau- und Werkstoffchemie, durchgeführte Bindemittelanalyse brachte folgendes Ergebnis:

Die Probe ist von grauer Farbe und von relativ hoher Festigkeit gewesen.

Aus dem Trennungsgang nach Wisser (1989):

1. Bindemittel / Zuschlagsverhältnis: 1 : 4
2. SIO_2 löslicher Anteil vom Mörtel: ca. 2 M.-%
3. SIO_2 Anteil bezogen auf das Bindemittel: ca. 7 %

Bei einer vorsichtigen Einordnung in eine DIN-Mörtelgruppe gehört der Mörtel zur Gruppe IIa. Eine erforderliche Messung der Druckfestigkeit ist leider nicht möglich gewesen.«

An der relativ kleinen herausgenommenen Probe konnte die Druckfestigkeit nicht gemessen werden. Aus der Zuordnung zur Mörtelgruppe IIa ergibt sich aber eine Druckfestigkeit von 5 N/mm^2 oder darüber.

»Ein Verputz mit einer Druckfestigkeit von ca. 5 N/mm^2 - wobei es unwesentlich ist, ob der Verputz nur 4,5 oder 5,5 N/mm^2 Druckfestigkeit aufweist - ist als Verputz von Ausfachungen im Fachwerk ungeeignet, da allein durch den im Zusammenhang mit der Ausgleichsfeuchte auftretenden und nicht zu vermeidenden Quell- und Schwindprozeß des Holzes sich die gesamte Skelettkonstruktion »bewegt«. Daraus folgt, daß auch die »Umrahmung« der Gefache sich mindestens in Größenordnungen von Millimetern bewegt und die Gefache sowie der Verputz weich, bzw. elastisch sein müssen, um diese Bewegungen ohne Zerstörungen mitmachen zu können. Sind die Putztafeln zu hart und starr, (Begriffe, die über die Putzdruckfestigkeitswerte zu beurteilen sind), so können sie den Holzbewegungen nicht folgen und reißen, bzw. platzen aus. Entsprechende Schäden sind meist zuerst an den dreiecki-

Abb. 82:
Zementputz auf Lehmstakung ohne Putzbewehrung: der Putz ist vielfach gerissen und teilweise abgefallen, das Überputzen auf die Holzränder hat den Schaden noch verstärkt.

gen, spitz zulaufenden Gefachen festzustellen, da zum einen in den spitz zusammentreffenden Hölzern besonders starke Bewegungen auftreten, und zum anderen der Putz nur eine geringe Breiten/oder Längenausdehnung aufweist.

Die Putze für Fachwerk sollten im Bereich der Mörtelgruppe I mit etwa 1 N/mm² Druckfestigkeit liegen und als Bindemittel entweder nur hydraulischen Kalk oder Kalk mit einer Kleinstmenge an Zement (ausschließlich zur Erzielung einer hydraulischen Wirkung) aufweisen.«

3.4.5 Putzkissen – Fassadenrelief

Deutlich ausgeprägt ist bereits in der Renaissance und im Barock der Wunsch, auch Fachwerkfassaden in größtmöglicher Plastizität darzustellen. Man erzielte dementsprechend »plastische« Wirkungen mit farblichen Fassungen, wie Bandelierungen im Gefach, Darstellung von Licht- und Schattenkanten, »Ritzern« in den Gefachen, die in den Ecken so ausgeführt sind, als würde sich das Gefach erhaben vom Holz abheben und schließlich Diamantierungen auf den Hölzern. Bei all diesen Gestaltungen und Fassungen blieb die Fassade aber in einer Flucht, d.h. ohne Vor- und Rücksprünge.

Insbesondere nach dem Zweiten Weltkrieg begannen in einigen Regionen Deutschlands Moden Platz zu greifen, Fachwerkgebäude durch Vor- oder Rücksprünge des Gefacheputzes gegenüber dem Holzskelett plastisch darzustellen.

Vorspringende »Putzkissen« werden meist in der Weise hergestellt, daß an den Rändern der Fachwerkhölzer Dachlatten mit 2,4 x 4,8 cm flach aufgenagelt werden. In die so entstandenen »Putzlehren« oder »Putzschalungen« wird ein- oder zweilagig der Putzmörtel aufgetragen und dann über die Latten mit einem Brett glatt abgezogen. Nach dem Abbinden des Putzmörtels werden die Dachlatten vorsichtig entfernt und danach der Anstrich aufgebracht. Ganz abgesehen davon, daß der über die Latten abgezogene Gefacheputz in keiner Weise den mit der Kelle aufgetragenen und bearbeiteten changierenden, lebhaften, meist leicht welligen, historischen Putz in seiner ästhetischen Wirkung erreichen kann, birgt ein solcher Kissenputz erhebliche bautechnische Gefahren. Das an der Fassade ablaufende Wasser wird an jeder Putzkante gebremst und dringt dabei mindestens zum Teil in den Riß zwischen Holz und Gefachefüllung. Dadurch erhöht sich die Feuchtebelastung der Hölzer und führt in den meisten Fällen schon in wenigen Jahren zur Zerstörung der Holzsubstanz, weiter zur Durchfeuchtung der Gefache, zu Putzrissen und Putzabplatzungen.

Abb. 83:
Um ein markantes Fassadenbild zu erzielen, wurden die Putztafeln drei Zentimeter vor die Holzflucht gesetzt und der Rahmen aufgebohlt. Zur Abwehr von Schäden mußte die Bohle auf der Oberseite bereits »verblecht« werden.

Ähnlich verhält es sich mit zurückgesetzten Putzgefachen. Ein Gebäude in Mittelgebirgstallage wurde 1958 weitgehend rekonstruiert. Für das Holzskelett verwendete man ausschließlich Fichte/Tannenholz. Die Ausfachungen wurden weit zurückliegend aus Bimssteinen in Kalkmörtel hergestellt und ein zweilagiger Kalkputz mit geringem Zementanteil durchgehend 2,5 cm hinter die Flucht der Fachwerkstäbe zurückspringend aufgebracht. Der Gefacheputz erhielt keinen Anstrich, die Hölzer wurden mit einem offenporigen Lasuranstrich behandelt und auch mehrfach im Laufe der Jahre nachbehandelt. Zu dem »Abbremsen« des über die Fassade rinnenden Regenwassers an den Holzkanten kam zusätzlich hinzu, daß das Wasser auf den vorstehenden, waagerechten Holzteilen der Riegel, Schwellen und Rähme stehen blieb. Anläßlich eines neuerlich anstehenden Wiederholungsanstrichs nach ca. 20 Jahren Standzeit des Fachwerkskeletts stellte der Malermeister fest, daß die Holzsubstanz schwere Schäden aufwies. Eine genauere Untersuchung einschließlich dem Öffnen einiger Gefache ergab, daß das gesamte Holz der Westwand weitgehend, d.h. bis auf eine äußere stehengebliebene Schale von 2 bis 3 cm durch Fäulnis zerstört war, während an den übrigen drei Fassaden nur kleinere lokal begrenzte Schäden festgestellt werden mußten. Die

Abb. 84:
Starke Schäden am Holzskelett verursachte der um 2,5 cm hinter die Holzflucht zurückgesetzte Verputz. Durch den Einbau zu feuchter Reparaturhölzer wurde der Schaden vergrößert.

Schäden an der Westwand waren so schwerwiegend, daß die gesamte Fassade abgetragen und neu errichtet werden mußte. Zu dem gegenüber anderen Fällen sehr langsam über 20 Jahre gehenden Schadensfortschritt trug der günstige Umstand bei, daß die Gefache gar nicht und das Holz offenporig behandelt waren, so daß das in großen Mengen in die Fassade eindringende Wasser aus Holz und Gefachen weitgehend ungehindert wieder ausdiffundieren konnte.

In einem ähnlich gelagerten Schadensfall bei einem zweigeschossigen innerstädtischen Fachwerkhaus bestand das Fachwerkskelett aus neuem und offensichtlich beim Einbau nicht genügend trockenem Eichenholz. Der Gefacheputz mit hohem Zementanteil wurde um 3 cm hinter die Flucht der Fachwerkhölzer zurückgesetzt.

Hier wirkten drei Schadensmechanismen zusammen. Wegen der vorstehenden Hölzer und den sich daraus ergebenden Vor- und Rücksprüngen in der Fassadenfläche konnte das Wasser nicht schnell genug abfließen und abgeführt werden. Der Holzschwund im Zusammenhang mit dem Trocknungsprozeß führte zu großen Abrissen mit Fugen zwischen Hölzern und Gefachen, in die das »gebremste« Regenwasser eindrang und schließlich gingen die starren Putztafeln nicht die Bewegungen des Holzes mit, rissen zum Teil und platzten in einigen Fällen ab. In diesem Schadensfall mußte die Fassade nach nur 6 Jahren zwar nicht abgerissen, aber doch mit Austausch einiger Hölzer grundlegend saniert werden.

3.4.6 Fehler- und risikofreie Arbeiten an Fachwerkfassaden

Die Grundsätze für fehler- und risikofreies Arbeiten an Fachwerkfassaden werden hier gewerkeweise nach dem heutigen Stand der Technik kurz zusammengefaßt. Soweit sie in einem der übrigen Abschnitte ausführlich behandelt werden, ist dies mit Querverweis vermerkt. Die meist aus empirischen Erfahrungen gesammelten Grundsätze werden durch Untersuchungen und Forschungen – schwerpunktmäßig im Deutschen Zentrum für Handwerk und Denkmalpflege (ZHD) sowie dem Institut für Bauphysik (IBP) und der Arbeitsgruppe für Holzforschung (WKI) der Fraunhofer Gesellschaft mit Förderung des Bundesministeriums für Bildung, Wissenschaft, Forschung und Technologie (BMBF) und der Deutschen Bundesstiftung Umwelt (DBU) sowie im Sonderforschungsbereich 315 der Universität Karlsruhe mit Förderung der Deutschen Forschungsgemeinschaft – bestätigt, vertieft und in vielen Fällen präzisiert.

Die Verschiedenartigkeit der Materialien, Konstruktionen und Dimensionen historischer Fachwerkgebäude läßt keine rezepthaft vereinfachenden Lösungsvorschläge zu, sondern erfordert das ingenieurmäßige und handwerkliche Durchdenken und Planen jedes Einzelfalls. Grundsätze zu Sanierungs-, Reparatur- oder Restaurierungsmaßnahmen an Fachwerkgebäuden, nach Gewerken getrennt, sind nachfolgend aufgeführt:

3.4.6.1 Grundsätze zu Maßnahmen, wie Austausch, Anschuhung oder Aufbohlung von Hölzern am Holzskelett

Zimmererarbeiten

- Verwendung von Holz der gleichen Holzart.
- Holz ist in Gleichgewichtsfeuchte, d.h. ausreichend trocken einzubauen (Abschnitt 3.1.4 »Verhinderung / Vermeidung von Schäden durch zu hohe Holzfeuchte«).
- von tierischen und/oder pflanzlichen Schädlingen, Insekten und/oder Fäulnis angegriffene Holzteile müssen ausreichend gesundgeschnitten werden. Dies gilt insbesondere für noch lebenden Befall. Es ist hiermit nicht

Abb. 85:
Bohlen aus Eiche, Fichte oder Tanne bzw. Kiefernblockware ist in Dicken mindestens bis 60 mm in der Gleichgewichtsfeuchte leicht zu beschaffen. Bei stärkeren Eichenholzquerschnitten hilft oft nur Holz in Zweit- oder Drittverwendung.

Abb. 86:
»Gesundgeschnittene« zum Teil angeschuhte Fachwerkteile zum Wiedereinbau.

Abb. 87:
Sauber abgestemmte Stockschwelle mit der zum Einbau vorbereiteten Reparaturbohle.

Abb. 88:
Die fertig aufgebohlte Schwelle. In diesem Falle wurde die Hartholzbohle verschraubt, insbesondere bei Weichholz reicht auch eine gute Nagelung.

Abb. 89:
Ein gerades Blatt mit beidseitigem Gratschnitt und zwei Schraubbolzen ist in der Lage, alle Knickkräfte aufzunehmen und ist ausreichend gegen eindringendes Wasser gesichert.

gemeint, z.B. zur Risikominderung nur gering geschädigtes Holz großflächig wegzuschneiden, sondern in Verantwortung gegenüber der historischen Substanz und der Abwehr von Gefahren durch Neubefall beim Gesundschneiden mit der notwendigen Sorgfalt vorzugehen.

- Aufbohlungen nur in Bohlenstärke, d.h. keine Brettaufdopplungen (Abschnitt 3.2.5 »Bretterfachwerk«).
- Waagerecht liegende Hölzer im Fachwerkskelett lassen sich meist mit einfachen Holzverbindungen anschuhen, Schwellen und Rähme aber schwer austauschen.
- Senkrecht stehende Holzteile im Fachwerkskelett, wie Ständer, Streben und Eckständer, lassen sich leicht auswechseln, bedürfen aber beim Anschuhen komplizierter Reparaturverbindungen, die auch die Biegezugbelastung aus Knickbeanspruchungen aufnehmen.
- Alle Anschlüsse und Holzverbindungen müssen sorgfältigst und paßgenau ausgeführt werden. Nach außen sind waagerechte Stöße oder gar Schnitte, die schräg nach innen weisen, zu vermeiden bzw. auszuschließen. Die Schnittstöße sollten schräg nach außen geneigt sein, um das Eindringen von Wasser weitgehend zu verhindern.

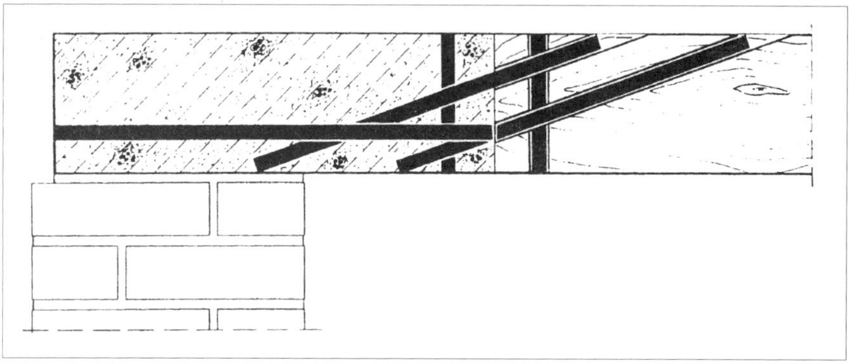

Abb. 90:
Chemischer Holzersatz als Ausnahme kann nur dort in der Fassade verwendet werden, wo keine Gefahr der Kondensatbildung besteht. (Zeichnung: Lömpel Bautenschutz)

- Bei allen Reparaturen, Austauschmaßnahmen bzw. Anschuhungen sollten traditionelle Holzverbindungen oder von den Zimmerern entwickelte Reparaturverbindungen verwendet werden. Stahlformteile und Nagelbleche bergen insbesondere in der Fassade (Kondensatniederschlag auf den »kalten« Blechteilen) Gefahren durch Fäulnis und Korrosion.
- Risse im Holz und offene Fugen zwischen den Holzverbindungen ab ca. 0,8 cm Breite, in Einzelfällen auch bei 0,5 cm Breite, müssen ausgespänt werden. Die dazu »stramm« eingeschlagenen Leisten sind nicht mit Leim, sondern mit Nägeln zu befestigen.

Abb. 91:
Die jüngste Entwicklung des BETA-Verfahrens (patentiertes Verfahren für den chemischen Holzersatz) sind Holz-an-Holzreparaturen mit Glasfaserbewehrung.

- Übliche Holznägel mit ca. 20 mm Durchmesser übernehmen in der Fassade keine Lasten, sondern dienen lediglich als Montagehilfe beim Aufrichten, Schwellen erhalten keine Holznägel und werden nicht abgebohrt.
- Alle Regeln des konstruktiven Holzschutzes sind sorgfältigst zu beachten (Abschnitt 3.2.6 »Vermeidung von Konstruktionsfehlern«).

3.4.6.2 Grundsätze zu Maßnahmen an Deckenfeldern, Gefachausmauerungen und Sockeln

Maurerarbeiten

- Deckenfelder mit Lehmwickeln oder Lehmschlag und Gefachefüllungen mit Lehm auf Stakung oder Lehmpatzenausmauerung sind fachwerktypisch, bautechnisch wie bauphysikalisch gute Konstruktionen und sollten grundsätzlich belassen, wo nötig repariert und möglicherweise ergänzt werden.

Abb. 92:
Das Ausräumen aller Gefache- und Deckenfüllungen war einige Jahre Mode. Diese Art der »Sanierung« ist aber meist technisch wie wirtschaftlich nicht sinnvoll und denkmalpflegerisch ungeeignet.

- Bei der Ausmauerung von Gefachen müssen die Bewegungen der umschließenden Hölzer einkalkuliert werden. Die Gefache dürfen deshalb nicht als starre Platten wirken, d.h. im Umkehrschluß sollten möglichst kleinformatige Steine mit »weichem« Mörtel vermauert werden. Bei großformatigen Steinen muß für breite Fugen, insbesondere im Anschlußbereich zum Holz gesorgt werden. Mit verklebten Fugen werden die Gefache zu starr.
- Auch bei Fachwerkbauten muß der Heizenergieverbrauch so niedrig wie möglich gehalten werden, d.h. daß bei Neuausfachungen neben dem

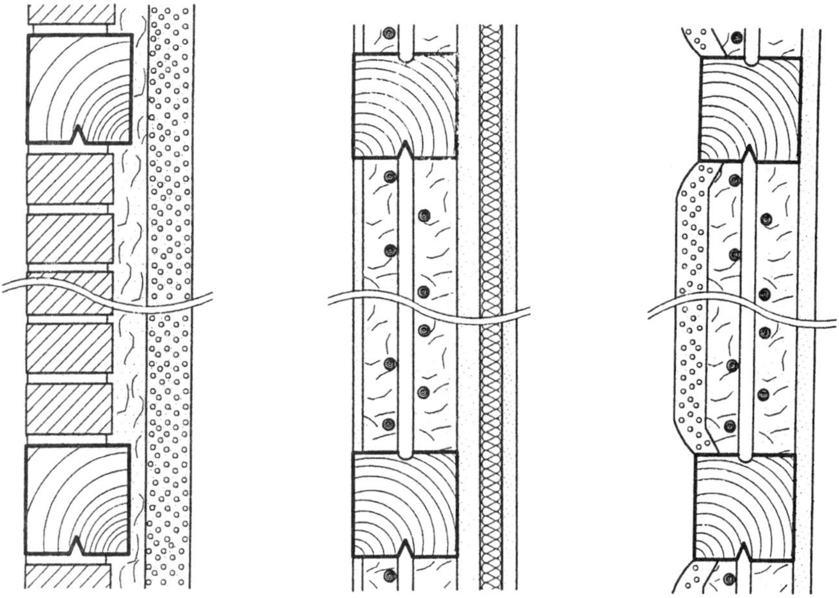

Abb. 93:

(1) Verbesserung der Wärmedämmung einer Ziegelausfachung, dabei wird auf den vorhandenen Schichtaufbau in Form von Sichtmauerwerk und Lehmputz innenseitig ein Mineralleichtlehmsystem aufgebracht. (Deutsches Zentrum für Handwerk und Denkmalpflege, Gefachekatalog 1997)

(2) Verbesserung der Wärmedämmung einer Ausfachung aus Strohlehmstakung auf der Innenseite. Auf den alten Schichtenaufbau aus Außenputz, Strohlehmstakung und Innenputz wird innenseitig eine Holzwolleleichtbauplatte aufgebracht und darauf wiederum der neue Innenputz.

(3) Verbesserung der Wärmedämmung einer Ausfachung aus Strohlehmstakung auf der Außenseite. Dazu wird der vorhandene Außenputz abgenommen, die Lehmstakung an den Rändern abgeschrägt und ein Dämmputzsystem aufgebracht, wobei es wichtig ist, daß die Putzkanten immer auf den Holzkanten auslaufen.

Schallschutz auch der Wärmeschutz ausreichend berücksichtigt und bei historischen Ausfachungen u.U. der Wärmeschutz durch zusätzliche Maßnahmen verbessert werden muß. Dabei können die hohen Werte der Wärmeschutzverordnungen oft nicht erreicht werden, wohl aber z.B. die in der DIN 4108 geforderten Werte. Im übrigen sollte der Wärmeschutz und entsprechende zusätzliche Maßnahmen nicht nur bei Außenwänden ansetzen, sondern z.B. insbesondere auch bei Kellerfußböden, den Dachdecken und temporäre Wärmeschutzmaßnahmen in die Überlegungen mit einbezogen werden.

- Die Gefachefüllungen nehmen rechnerisch keine Kräfte aus dem Fachwerkskelett auf. Die Ausfachungen müssen insbesondere mechanischen Beanspruchungen sowie dem Schall- und Wärmeschutz genügen. Wegen der Gefährdung des Holzes durch Fäulnis muß Tauwasserausfall in Fachwerkwänden soweit wie möglich vermieden und darüber hinaus dafür gesorgt werden, daß Tauwasser wie eindringendes Oberflächenwasser so schnell wie möglich wieder ausdiffundieren können. Feuchte- und Dampfsperren müssen vermieden werden. Die Wandaufbauten, insbesondere zusätzliche Wärmeschutzmaßnahmen müssen bezüglich ihres k-Wertes, mehr noch bezüglich der zu erwartenden Taupunktebene und Tauwassermenge genau geplant, berechnet und konstruiert werden.
- Ausfachungen in Form von Ausschäumungen oder in die Gefache gestellte Mineralwollematten haben zu Schäden geführt und sind weiter im Sinne soliden Bauens auszuschließen.
- Der kritischste Punkt von Ausmauerungen, weitergehend von Gefachefüllungen allgemein ist der Anschluß der Ausfachung an die Hölzer. Bewährt haben sich Dreikant- oder Trapezleisten (Abschnitt 3.2.4 »Dreikantleisten«).
- Die Schwellen dürfen keinesfalls eingemörtelt oder eine Putzschräge an die Schwelle über die Höhe der Schwellenunterkante angemörtelt werden. Steht der Sockel oder das Fundament nach außen über, so muß der Überstand von der Schwellenunterkante aus steil nach außen mit mindestens 45° abgeschrägt werden, um den ungehinderten Wasserabfluß zu gewährleisten und Spritzwasserbelastung zu vermeiden (Abschnitt 3.2.2 »Zum Verfaulen verurteilte Schwellen«).
- Die Schwellen sollten mindestens 40 bis 50 cm über dem äußeren Boden-, Hof- oder Bürgersteigniveau angeordnet sein. Wo durch Höherlegen des Geländes, der Straße oder des Gehwegs die Schwelle zu niedrig über dem Boden liegt oder mehr »versinkt«, muß mittels geeigneter Konstruktionen, wie einem durchgehenden Schacht mit Gitterrostabdeckung, die Überlastung der Schwelle durch Feuchteeinwirkung abgemildert werden.

3.4.6.3 Grundsätze zum Gefacheputz

Putzerarbeiten

- Der traditionelle Aufbau Lehmputz auf Lehmschlag oder Lehmpatzen mit anschließendem Kalkanstrich war unproblematisch und mußte nur ausreichend gepflegt und gewartet sowie mit Wiederholungsanstrichen geschützt werden.
- Die Haftung von Kalk- oder Kalkzementputzen auf Lehm war schon immer problematisch und bedurfte besonderer Vorkehrungen wie Aufrauhen des Lehms oder Eindrücken von »Noppen«, in die der Putz greifen konnte. Gute Haftungsmöglichkeiten können mit entsprechender Behandlung des Lehmuntergrundes (Aufrauhen oder Aufkratzen) sowie entsprechenden Putzaufbauten, wie dünnen Putzlagen in Form einer Putzschlämme bis zu 0,5 cm oder dreilagigem Putzaufbau mit halbdeckendem Spritzbewurf aus Zementputz und zwei Lagen Kalkputz erreicht werden.
- Die Putztafeln in den Gefachen müssen elastisch und weich genug sein, um den Bewegungen der Hölzer folgen bzw. diese Bewegungen auffangen zu können, andererseits aber der Witterung und weitergehend mechanischen Beanspruchungen standhalten können. Dazu sollte der

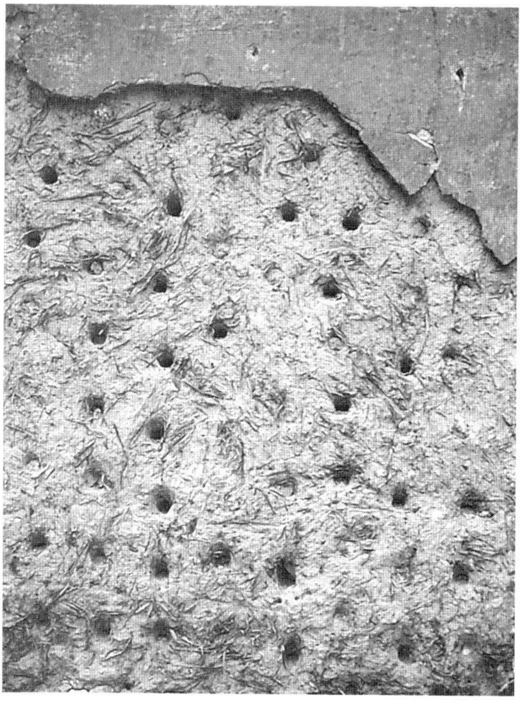

Abb. 94:
Haftung des Kalkputzes mittels eingedrückten Noppen auf dem Lehmgefach (der Kalkputz wurde hier zur Demonstration abgenommen).

Putz bewehrt werden. Gegen das Abplatzen oder Abreißen der auf Null zulaufenden Ecken, z.B. in den dreieckigen Putzgefachen, hilft bis heute die Zugabe von Kuh- oder Rehhaaren bzw. gleichwertigen Fasern.

- Bewährte Putzrezepte für einen zweilagigen Putz in Fachwerkgefachen sind:

1. Weicher Untergrund (z.B. Lehmsteine oder Strohlehm)

Spritzbewurf	1	RT	Zement Z 35
	3	RT	Sand 0-4 mm (P IIIb gemäß DIN 18 550)
Unterputz	1	RT	Sumpfkalk (Luftkalk gemäß DIN 1060)
	0,1	RT	Zement Z 35
	3,5	RT	Sand 0-4 mm
Oberputz	1	RT	Sumpfkalk
	0,1	RT	Zement Z 35
	3,5	RT	Sand 0-2 mm (P Ia gemäß DIN 18 550)

2. Minderfester Untergrund (z.B. Bimssteine)

Spritzbewurf	1	RT	Zement Z 35
	3	RT	Sand 0-4 mm (P IIIb gemäß DIN 18 550)
Unterputz	1	RT	Wasserkalk (gemäß DIN 1060)
	3	RT	Sand 0-4 mm
Oberputz	1	RT	Wasserkalk
	3	RT	Sand 0-2 mm (P Ib gemäß DIN 18 550)

3. Fester Untergrund (z.B. Ziegelsteine)

Spritzbewurf	1	RT	Zement Z 35
	3	RT	Sand 0-4 mm (P IIIb gemäß DIN 18 550)
Unterputz	1	RT	hydraulischer Kalk (gemäß DIN 1060)
	4	RT	Sand 0-4 mm
Oberputz	1	RT	hydraulischer Kalk
	4	RT	Sand 0-2 mm (P Ic gemäß DIN 18 550)

- Auch beim Aufbringen des Putzes mit Putzmaschinen sollte der Putz mit der Kelle oder einem kleinen Reibebrett abgerieben (nicht totgerieben) werden. Eine leicht bewegte, nicht künstlich rustikale Oberfläche ist fachwerktypisch.
- Der Putz soll bündig mit der Oberfläche der Fachwerkhölzer liegen, um ein schnelles Ablaufen von Regenwasser (auch über die Risse zwischen Hölzern und Gefachen hinweg) zu ermöglichen. Müssen die Putzflächen vor die Holzflucht springen, so sind sie schräg auf die Kante der Hölzer zu ziehen.
- Die nicht zu vermeidenden Fugenabrisse zwischen Holz und Gefach sollten so gering wie möglich gehalten, aber keinesfalls mit dauerplastischen und/oder dauerelastischen Massen ausgespritzt werden. Reparaturen der Fugen zwischen Holz und Gefach sollten mit Kalkmörtel erfolgen.

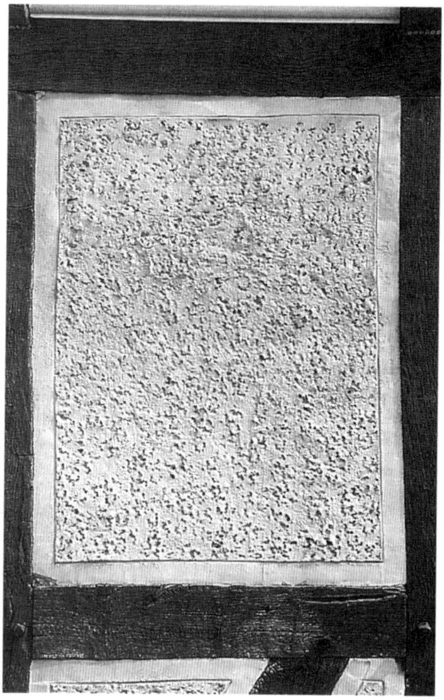

Abb. 95:
Im 19. Jahrhundert verwendete man auch Spritzputze wie den »Münchner Rauhputz« zum Verputzen von Fachwerkgefachen. Um einen sauberen Anschluß an die Hölzer des Fachwerkskeletts zu erreichen, wurde ein schmaler an das Holz anschließender Streifen geglättet und der Putz bündig an die Holzkante gezogen.

Abb. 96:
Bündig an die Gefachkante gezogener und glatt abgeriebener Kalkputz einer Fachwerkfassade.

3.4.6.4 Grundsätze zum Anstrich

Malerarbeiten

- Der Anstrichfilm auf den Gefachen wie dem Fachwerkskelett muß neben zahlreichen anderen Qualitätsmerkmalen, wie der Dehnfähigkeit, insbesondere so gut wie möglich dampfdurchlässig sein. Dies gilt natürlich ebenso für Spachtelmassen und auch bei Wiederholungsanstrichen (Gefahr der Verstärkung der Schichtdicken) (Abschnitt 3.5.4 »Dichter Anstrich – dauerelastische Fugen«).

  Die wichtigsten Material- und Ausführungskriterien sind:

  Materialkriterien

- S_d-Wert der Beschichtung auf Holz kleiner als 0,5 m,
- matte Anstriche mit möglichst geringem Bindemittelanteil verwenden,
- Anstrichstoffe verwenden, die auch bei Minustemperaturen nicht zur Versprödung neigen,
- im Gefach Anstriche wählen, deren S_d-Wert kleiner als 0,1 m ist.

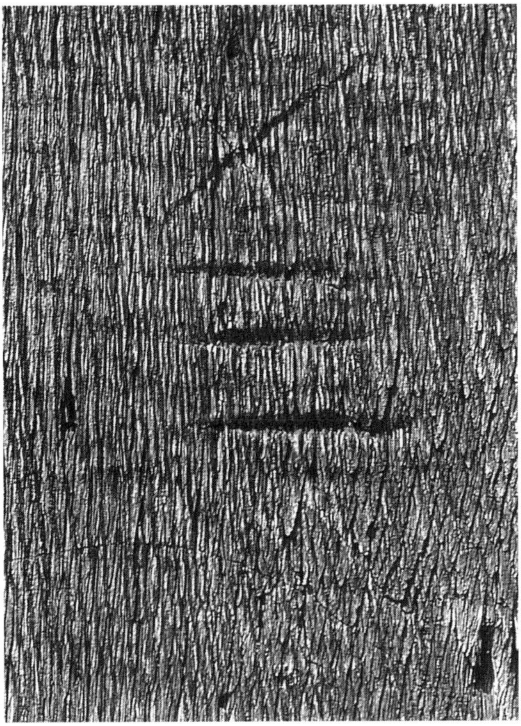

Abb. 97:
Für den Neuanstrich gut vorbereitete, leicht angewitterte Holzoberfläche eines Fachwerkstabes.

Ausführungskriterien

- Altanstriche unbedingt entfernen,
- Mengenangaben des Herstellers einhalten und Anstrichmaterialien nicht verschneiden, verdicken oder entgegen den Technischen Merkblättern verdünnen,
- auf evtl. vorhandene Holzschutzmittel muß geachtet werden (Verträglichkeitsnachweis der Hersteller),
- stark durch Schlagregen beanspruchte Fassaden sind, sofern keine Verkleidung angebracht wurde, kürzeren Prüfintervallen zu unterziehen.
- Die Anstriche auf Hölzern und Gefachen müssen (insbesondere bei unterschiedlichen Anstrichsystemen) sauber beschnitten werden. Keinesfalls ist es denkbar, daß der Gefacheanstrich durchgängig über Hölzer und Gefache gestrichen wird und dann die Hölzer »abgesetzt« werden.
- Hydrophobierungen des Gefacheputzes haben sich nicht bewährt, da nicht nur der Feuchteeintritt, sondern auch der Feuchteaustritt verhindert wird.

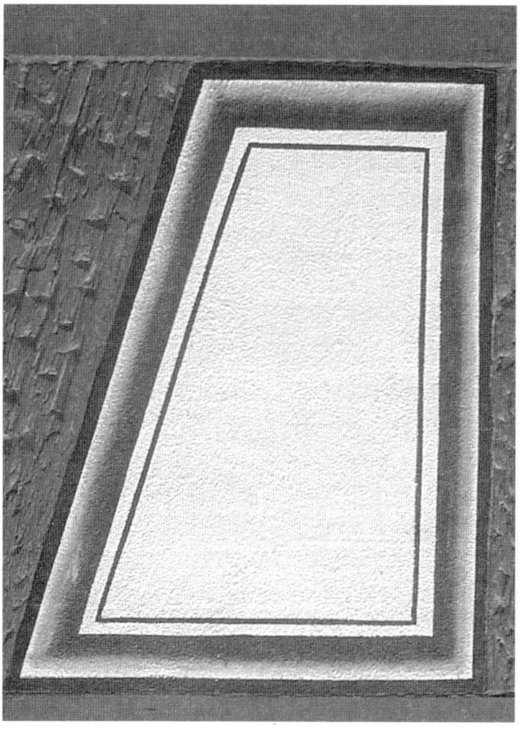

Ab. 98:
Sauber beschnittenes und in diesem Falle auf Grund des historischen Befundes mit einer Bandelierung versehenes Gefach.

- Risse im Holz bzw. offene Fugen zwischen den Holzverbindungen ab ca. 0,8 cm Breite müssen ausgespänt werden. Die dazu eingeschlagenen Leisten sind mit Nägeln zu befestigen (Zimmererarbeiten).
- Auf Spachtelmassen sollte weitgehend verzichtet werden, da sie in vielen Fällen zu Schäden geführt haben.
- Dampfsperren durch dampfdichte Anstrichschichten oder Spachtelmassen sind auszuschließen (Abschnitt 3.5 »Schadensgruppe Feuchtesperren/ Dampfsperren«)

3.4.6.5 Generelle Grundsätze für alle Gewerke wie für Architekten und Ingenieure

Zu den generellen Grundsätzen für alle Gewerke wie für Architekten und Ingenieure gehören:

- Beachtung der bauphysikalischen Grundsätze,
- Beachtung der Besonderheiten des aus unterschiedlichen Materialien zusammengefügten Bausystems Fachwerk,
- Beachtung der Quell- und Schwindvorgänge des Holzes,
- Beachtung des konstruktiven Holzschutzes.

Abb. 99:
Über 100 Jahre alte Ausspänung von klaffenden Holzverbindungen.

Abb. 100:
Durch Ablaugen für den Neuanstrich vorbereitete Fachwerkhölzer mit teilweise breiten (links auch eingeschnittenen) Ausspänungen.

3.5 Schadensgruppe Feuchtesperren/Dampfsperren

Schäden durch das »Dichtmachen«, das Absperren, durch Sperren gegen Wasser und Wasserdampf gehören zu den häufigsten Schäden. Fast immer stecken dahinter Ideen des »Dichtmachens« von außen als dauerndem sicheren Feuchteschutz oder Ideen der »perfekten« neuen Fassade. Andererseits wird schließlich bei massiven zusätzlichen inneren Wärmedämmungen das Dampfabdichten von innen als Ausgleich für eine ungünstig liegende Taupunktebene gewählt. Untersuchungen und Gutachten zeigen dabei deutlich, daß vielfach rechnerisch schon kaum mögliche zusätzliche Wärmedämmaßnahmen nur selten zu Schäden führen, aber fast jede Art von Feuchte- und/oder Dampfsperren in Form von Anstrichschichten oder Spachtelmassen, in Form dichter Wandmaterialien oder als geplante Dampfsperre bzw. Dampfbremse zu Schäden führen.

3.5.1 Hohe Energieeinsparung

Mit dramatischen bauphysikalischen Fehlern wurde ein dreigeschossiges Fachwerkgebäude in einer Mittelgebirgslage in Westdeutschland 1990 umfänglich »saniert«. Das Gebäude wird für Verwaltungsaufgaben genutzt.

Zu den Vorgaben der Sanierung gehörte nicht nur der Anspruch höchster Solidität und Langlebigkeit der Maßnahmen, sondern auch die Reduktion des Energieaufwandes auf ein Minimum.

Vor der Baumaßnahme wurde das Gebäude umfänglich untersucht, exakt die Details für Verbesserungen und Modernisierungen geplant und konstruktiv wie bauphysikalisch berechnet. Nach der Abwägung alternativer Wandaufbauten wurde schließlich für die Außenwände folgender Wandaufbau (von außen nach innen) ausgeführt:

- Hochwertiger Dispersionsanstrich auf Hölzern und Gefachen, mehrschichtig.
- Eichenholzfachwerk aus alten und neuen Hölzern in mittleren Dimensionen von 16/16 cm,
- Gefachausmauerung mit Leichtbetonvollsteinen (Bimssteinen) in Kalkmörtel bei geringem Zementzusatz beidseitig verputzt,
- Mineralwollematten, 80 mm dick, mit aufkaschierter Alufolie auf der Innenseite zwischen 80/80 mm starken senkrechten Kanthölzern,
- Gipskartonplatten, 25 mm dick, zweilagig.

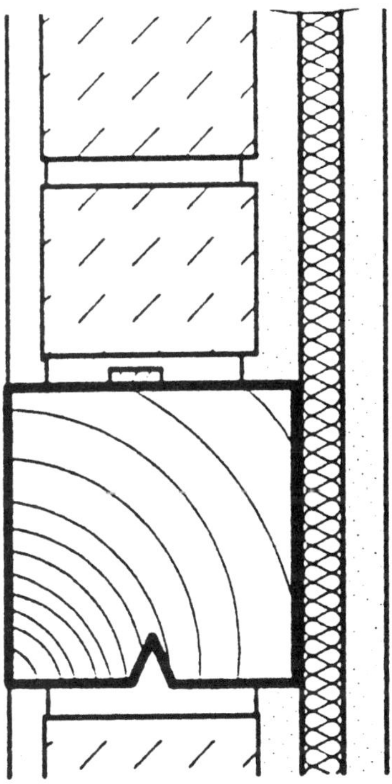

Abb. 101:
(1) Schemaskizze des schadensträchtigen Wandaufbaus.
(2) Im Gefach von außen nach innen:
Dispersionsanstrich,
2 cm Kalkputz,
11,5 cm Bimsleichtbetonstein,
2,5 cm Kalkputz,
8 cm Mineralwolle mit auf kaschierter Alufolie,
2,5 cm Gipskartonplatte.
(3) Im Holzbereich von außen nach innen:
Dispersionsanstrich,
16 cm Fachwerkhölzer,
8 cm Mineralwolle mit auf-kaschierter Dampfbremse,
2,5 cm Gipskartonplatte.
(Skizze: Deutsches Zentrum für Handwerk und Denkmalpflege, Gaul)

Mit dem Wandaufbau wurde ein rechnerischer k-Wert von 0,36 W/m^2K erreicht. Bei den Berechnungen wurde davon ausgegangen, daß weder von außen noch von innen Feuchte in die Wand eindringen konnte und die Planung ging entsprechend davon aus, daß die Wand von außen durch den Anstrich und von innen mittels der Folie dicht zu machen sei.

Schon nach 2 1/2 Jahren stellten sich gravierende Fehler und Mängel im Wandgefüge, der auch stark von der Witterung beanspruchten Südwestseite ein. Der Anstrichaufbau zeigte Blasen, Risse und Abplatzungen, das Holz tiefgreifende Fäulnisstellen von außen und die Wand insgesamt Setzungserscheinungen.

Die weniger stark von der Witterung beanspruchten Außenwände wiesen nur in bescheidenem Maße Mängel auf.

Die Untersuchung der Wand ergab Feuchten im Holz bis zu über 40 %. Weiter zeigte sich, daß die alten und neuen Hölzer teilweise bis auf wenige Quadratzentimeter Restquerschnittsfläche verfault waren und dadurch die Wand ihre Standsicherheit, ja schon ihre Standfestigkeit eingebüßt hatte.

Abb. 102:
Der auseinandergerissene Anstrichfilm über Holz und Gefach.

Die genaue Schadensanalyse mit umfangreichen Untersuchungen und großem Rechenaufwand ergab folgendes Bild:

Bei der Planung war davon ausgegangen worden, mit entsprechenden Materialien und guter Handwerksarbeit die Fassade von außen mit einem hochwertigen und stark dehnfähigen Anstrichsystem dicht, d.h. wasser- und dampfdicht zu machen und von innen mit Hilfe einer Dampfbremse in Form der aufkaschierten und an die Kanthölzer »angetackerten« Folie das Eindringen von Dampf in die Fassade zu verhindern. Mit diesen Vorgaben glaubte man auch, die Wetterseite dieses Gebäudes in Sichtfachwerk ausführen und eine starke innenseitige Wärmedämmschicht einbauen zu können.

Diese Annahmen und Rechnungen gingen nicht auf. Die qualitätvolle Dispersionsfarbe war nicht endlos dehnfähig und riß sowohl bei neu entstehenden Rissen im Holz als auch über der Fuge zwischen Holz und Ausfachung. In diese Risse drang in großen Mengen an der Fassade ablaufendes Regenwasser, in noch höherem Maße Schlagregenwasser ein. Das so in den Wandaufbau eindringende Wasser konnte wegen des weitgehend dampfdichten Anstrichfilms weder aus dem Holz noch aus dem Gefacheputz nach außen abgeführt werden und führte zu dauernd stark überhöhten Feuchten in den Hölzern wie in den Gefachen.

Abb. 103:
Eine der zahlreichen, schon nach wenigen Jahren völlig zerstörten Holzpartien.

Die aufkaschierte Dampfbremse auf der Innenseite war nur getackert und nicht verklebt, wies zahlreiche große Lecks auf und reichte grundsätzlich nur vom Fußboden bis zur Deckenunterkante, so daß viel Wasserdampf von innen in den Wandaufbau strömte. In den kälteren äußeren Schichten der Wand fiel der Dampf als Kondensat aus und steigerte so die dauernde Feuchtebelastung.

Die Wand mußte bei wesentlich verändertem Wandaufbau weitgehend erneuert und insbesondere wegen der zahlreichen Reparaturstellen und der damit verbundenen zusätzlichen Gefahr neuer Angriffsflächen für Regen und Schlagregen durch eine hinterlüftete, vorgehängte Fassade aus kleinformatigen Holzschindeln geschützt werden.

In einem weiteren ähnlichen Fall wurde folgender Wandaufbau (von außen nach innen) bzw. die Reste davon gefunden:

- Dispersionsanstrich mehrschichtig,
- 2 cm Kalkzementputz auf Drahtgeflecht als Putzträger,
- 17,5 cm Hochlochziegelausfachung (bei einer Reihe von Gefachen ungebrannte Lehmziegel in entsprechender Stärke),
- Reste alten Innenputzes in unterschiedlicher Stärke,
- 8 cm Mineralwollematten mit aufkaschierter Alufolie als Dampfbremse,
- 11,5 mm Gipskartonplatte.

Die Schäden an der Holzsubstanz nach nur einem Winter waren so einschneidend, daß nach größeren Verformungen des verfaulten Holzskeletts mehr als ein Drittel der Gefacheausmauerungen herausgefallen war und sich anläßlich des Ortstermins folgendes Schadensbild zeigte:

»Bei ca. 10 Gefachen auf der talwärts gerichteten Südseite sind die Gefachefüllungen, Lehmziegel oder Hochlochziegel, nicht mehr vorhanden, das innere Wärmedämmaterial liegt offen. An weiteren Gefachen zeigen sich Farbabblätterungen, Putzabplatzungen sowie Aufwölbungen der Putzschicht. Weiter sind hier Durchfeuchtungen des Gefachematerials bis zur annähernden Sättigung der Materialien mit Wasser festzustellen. Die Holzsubstanz ist über große Teile der Fassade durch pflanzliche Holzschädlinge stark angegriffen bzw. bereits zerstört. Teilweise steht von den Fachwerkhölzern noch eine dünne äußere Schicht von einigen Zentimetern, während das Holz nach innen bereits völlig vermulmt ist. Alle Schäden sind nur auf der Wetterseite, dem südlichen Hausgiebel, festzustellen. An den anderen Hauswänden sind bis jetzt keine Schäden sichtbar.«

Die Schadensursachen wurden durch bauphysikalische Rechnungen und Untersuchungen schnell deutlich. Aus den Rechnungen ging hervor, daß rechnerische Wärmedämmwerte von 0,3957 W/m²K für die Ausführung mit Hochlochziegeln und 0,3968 W/m²K für die Ausmauerung mit ungebrannten Lehmziegeln erzielt wurden.

»Die Berechnungen zum Taupunkt und der Tauwassermenge zeigen aber gleichzeitig, daß große Mengen Kondensat in der Wand ausfallen: 7,08 kg bei der Ausfachung mit Hochlochziegeln und 7,1 kg bei der Ausfachung mit Lehmziegeln. Der nach den Regel- und Normwerken, insbesondere der DIN 4108, höchstzulässige Wert für den Kondensatausfall in Fachwerkwänden pro Feuchteperiode beträgt 1,0 kg. Selbst dieser Wert ist aber nach neuesten Erfahrungen schon zu hoch. Der nach der Norm höchstzulässige Wert wurde um das 7-fache überschritten.

Drei Schadensursachen haben in Verbindung miteinander zu den schweren Schäden geführt.

1. Die Verlegung des Taupunktes in die inneren Wandschichten durch die starke Innendämmung.
2. Der aus 4 Schichten Dispersion bestehende Anstrich, welcher durch die große Schichtstärke auch weitgehend dampfdicht geworden ist.
3. Die Dampfbremse auf der Innenseite, die im eigentlichen Sinne keine Dampfbremse ist, da sie z.B. zu häufig unterbrochen wurde.

Die Schäden sind auf der Wetterseite aufgetreten, weil diese Seite insbesondere durch Schlagregen am stärksten feuchtebelastet ist.«

3.5.2 »Zugespachtelt«

An einem zweigeschossigen Fachwerkwohnhaus mußten im Zusammenhang mit einem Neuanstrich Reparaturarbeiten an der Schwelle sowie an den Ständerfüßen vorgenommen werden. Schwelle und Ständerfüße waren stark von pflanzlichen und tierischen Schädlingen angegriffen, jeweils mehrere Zentimeter tief war das Holz von der Außenseite her stark zerstört. Die »Reparatur« wurde derart vorgenommen, daß sämtliche Fehlstellen mit Spachtelmasse, zum Teil mit Vlieseinlage bis auf die ursprünglichen Holzquerschnitte ergänzt wurden. Auf diese 0,5 bis 6 cm dicke Schicht von Spachtelmasse wurde dann der Anstrich aufgebracht.

Anläßlich des Ortstermins im Rahmen eines Beweissicherungsverfahrens mußten dazu folgende Feststellungen getroffen werden:

Abb. 104:
Mit Spachtelmasse und Vlieseinlage aufgefütterte Schwelle. Die Holzsubstanz der darunter liegenden Restschwelle ist von pflanzlichen Holzschädlingen völlig zerstört.

Abb. 105:
Bei der Abnahme von Spachtelmassen zeigen sich darunter oft nur noch vermulmte Holzreste.

Abb. 106 und 107:
An der Holzverbindung zum Ständer verspachtelter Riegel vor und nach der Abnahme der Spachtelmassen.

»Der rechte Eckständer ist ca. 25 cm von unten durchgehend verfault. Hier stehen nur noch wenig tragfähige Restteile des Holzes.

Die Schwelle dieser Giebelseite ist von der linken Ecke aus ca. 3 m mit chemischem Holzersatz repariert, d.h. die großen Fehlstellen wurden ausgespachtelt. An einer freigelegten Stelle zeigt sich unter dem chemischen Holzersatz frischer Befall pflanzlicher Schädlinge, d.h. Fäulnis.«

»Die Zapfenverbindungen von Ständern und Streben zur Schwelle sind leicht angegriffen. ... Die Schwelle der Giebelseite zum Garten ist vom linken Eckständer beginnend auf ca. 1 m Länge zerstört. Vom rechten Eckständer sind die ersten 70 cm intakt, dann folgen ca. 2,5 lfdm. mit starken Fäulnisschäden und teilweise schon großen Hohlräumen. An diesen Schäden sind keine Reparaturmaßnahmen oder Reparaturversuche sichtbar.«

An der rechten Traufseite »wurden vor einigen Jahren oder Jahrzehnten die Eichenschwellen bereits mit Weichholzschwellen ausgetauscht. Diese Weichholzschwellen sind auf eine Länge von ca. 8,5 m stark durch pflanzliche Schädlinge angegriffen. Die Fäulnisstellen wurden teilweise mit Hartschaum ausgestopft und dann wiederum mit chemischem Holzersatz überarbeitet.«

Zu den Gründen ist folgendes ausgeführt:

»Entsprechende Sanierungen mit chemischem Holzersatz, wie sie am Hause ... vorgenommen wurden, wurden insbesondere in den Jahren zwischen 1975 und 1985 des öfteren ausgeführt. Diese Art von Sanierungsversuchen haben den natürlichen Dampfdruckausgleich in Außenwänden nicht berücksichtigt, d.h. der an den Reparaturstellen von innen nach außen führende Dampfdruck führte dazu, daß Wasserdampf an der Innenseite der Reparaturstellen kondensierte und das ausfallende Wasser führte weitergehend zu Fäulnisschäden am Holz. Daraus resultierend setzten sich die bereits vorhandenen Fäulnisschäden nach dem Sanierungsversuch fort.«

3.5.3 Chemischer Holzersatz

Chemische Holzersatzmaßnahmen in Form von Prothesen zum Anschuhen von Konstruktionshölzern oder Verstärken von Deckenbalken haben sich in vielen Fällen gut bewährt. Die positiven Erfahrungen reichen inzwischen weit über 20 Jahre. Fast genau so alt sind aber auch negative Erfahrungen: Chemische Holzersatzmassen, Gießmassen zum Modellbau oder auch Harze wurden als durchgehende bzw. weitgehend durchgehende Spachtelungen außen auf Holz oder angegriffene Holzteile aufgebracht.

Abb. 108:
Nach dem Herausnehmen eines mit Kunstharzmörtel ergänzten Stichbalkenkopfes zeigten sich am unmittelbar dahinter liegenden Holz schon schwere Fäulnisschäden.

Abb. 109:
Nach Entfernung des chemischen Holzersatzes auf dieser Schwelle war dahinter nur noch vermulmtes Holz zu finden.

Bei einer Kirche in Nordhessen war auf der Westseite durch starke Witterungsbelastung, insbesondere Schlagregen und unzureichende Pflege, die Holzsubstanz stark durch pflanzliche Schädlinge angegriffen und in Schichttiefen bis zu etwa 6 cm verfault. Besonders starke Fäulnisschäden zeigten die mit dem Hirnholz nach außen gerichteten Deckenbalkenköpfe.

Alle Schäden wurden derart repariert, daß die angegriffenen Holzteile bis zu etwa 6 cm Tiefe abgestemmt wurden und die fehlende Holzsubstanz mit einer chemischen Holzersatzmasse aufgefüllt wurde.

Nach ca. 3 Jahren zeigte die Wand starke Durchfeuchtungen mit großen feuchten Flecken auf der Innenseite. Nach dem Öffnen und Abnehmen der Ergänzungen aus chemischem Holzersatz mußte festgestellt werden, daß unmittelbar unter den chemischen Holzersatzmassen das Holz durchgehend und stark durchfeuchtet war und nicht durchgehend, aber in größeren Teilen durch die überhöhte Feuchte neue starke Fäulnisschäden an der originalen Holzsubstanz aufgetreten waren.

Auch hier war die Schadensursache leicht in bauphysikalischen Mängeln zu finden. Der zwar nur gelegentlich auftretende (schnelles Hochheizen der Kirche mit vielen nassen Wintermänteln) hohe Dampfdruck brachte viel dampfförmige Feuchte in die Wand, dieser Dampf kondensierte an der Innenseite des gegenüber dem Holz sehr viel »kälteren« chemischen Holzersatzes aus und führte dort zu den starken Feuchtekonzentrationen.

3.5.4 Dichter Anstrich – dauerelastische Fugen

Zahlreich kommen in dieser Schadensgruppe zu dichte, gemeint sind hier zu wasserdampfdichte Anstriche vor.

Die Wetterseite eines mit Strohlehm auf Stakung ausgefachten Fachwerkgebäudes in einer exponierten Lage Nordhessens sollte als Sichtfachwerk ausgeführt und mit allen zur Verfügung stehenden Materialien bei einem Neuanstrich möglichst »dicht gestrichen« werden. Mit großer Sorgfalt wurden deshalb bei Renovierungsarbeiten im Jahre 1989 die Strohlehmgefache, soweit notwendig, repariert, die Risse in der Fachwerkkonstruktion zugespachtelt und teilweise dabei die Hölzer flächig überspachtelt. Dann wurde die Fassade mit mehreren Schichten eines guten Dispersionsanstrichs behandelt und die Fugen zwischen der Lehmausfachung und dem umschließenden Fachwerkskelett mit einem dauerplastischen und dauerelastischen Material ausgespritzt. Die Anstriche auf Holz und Ausfachung wurden exakt beschnitten, alle Arbeiten sehr sorgfältig ausgeführt. Dennoch traten bereits nach wenigen Monaten Schäden derart ein, daß die Wand auf der Innenseite große feuchte Flecken aufwies und nach größeren Regenfällen auch fließendes Wasser durch die Wand in das Haus drang. Nach einigen Monaten zeigte sich Pilz- und Schwammbewuchs auf der gesamten Innenseite der Außenwand. Darüber hinaus platzte der Anstrichfilm auf den Lehmgefachen partiell ab.

Beim Untersuchen, d.h. beim Öffnen von Farbschichten sowie Gefacheteilen und nach dem Herausnehmen eines Teils der Dichtungsmassen aus den Fugen, mußte festgestellt werden, daß sich in den Hölzern eine Feuchte von teilweise über 45 % gebildet hatte und der Gefachelehm wegen der starken Durchfeuchtung bereits plastisch und gut knetbar geworden war. Weiter mußte festgestellt werden, daß ein großer Teil des Holzskeletts von Fäulnis angegriffen war, die Holzquerschnitte waren teilweise zu weit über 50 % zerstört.

Die detaillierte Untersuchung ergab, daß die Wand auf Grund der Raumnutzung (stark strapazierte Feuchträume) einem erhöhten Dampfaufkommen von innen ausgesetzt war. Weiter war an vielen Stellen durch Holzrisse, Anschlüsse der Holzverbindungen, Abrisse der Abdichtungen zwischen Ge-

Abb. 110:
Die von außen sichtbaren Schäden an Anstrich und Putz.

fachelehm und Holzskelett sowie die Lecks im Anstrichfilm auf den Gefachen, Regenwasser und noch mehr Schlagregenwasser in die Fassade von außen eingedrungen.

Die dauerplastischen und dauerelastischen Dichtungsmassen hatten weder am Holz noch am Lehm ausreichend Haftungsmöglichkeiten und waren in vielen Partien mindestens auf einer Seite abgerissen. Der Anstrich auf dem Holz hatte das Arbeiten des Holzes, hatte die Risse nicht überbrücken können und schließlich war die Haftung des Dispersionsanstrichs auf dem Lehm äußerst gering. Auf Grund dieser Umstände drang sehr viel Wasser in die Fassade ein bzw. fiel als Kondensat in der Fassade aus. Dieses Wasser wie auch der Dampf konnte wegen des weitgehend dampfdichten Anstrichfilms nicht nach außen entweichen und führte so zu den großen Schäden.

3.5.5 Mängelanhäufung

Selten hat ein Schaden oder Mangel an einer Fachwerkwand, weitergehend einer Holzkonstruktion nur eine Ursache. Gravierende Schadensbilder entstehen meist durch eine Addition von Ursachen und ungünstigen Umständen.

Abb. 111:
Dadurch, daß die Feuchte nicht wieder ausdiffundieren konnte, war der Lehm bereits aufgeweicht, während die Hölzer erhebliche Fäulnisschäden aufwiesen.

Sehr selten jedoch kommen derart viele Mängel und Schadensursachen an einer Fassade vor wie im nachfolgend geschilderten Fall, der hier unter allen Schadensgruppen dargestellt werden könnte. Da der weit überwiegende Schaden aus dem Versuch des »Dichtmachens« rührte, wird der Schadensfall unter der Rubrik »Feuchtesperren/Dampfsperren« behandelt.

Ein dreigeschossiges Renaissance-Fachwerkgebäude in innerstädtischer Lage, einer küstennahen Stadt, wurde 1990 aufwendig saniert. Das Gebäude mit hohem stadtgestalterischen Wert und ebenso hohem Denkmalwert, u.a. wegen zahlreicher schmückender Details, Schnitzwerk und Schriftbalken, wurde bei der Sanierung außen und innen als Sichtfachwerk konzipiert und ausgeführt. Die gesamte Sanierungsplanung einschließlich statisch-konstruktiver und bauphysikalischer Berechnungen wurde sorgfältigst durchgeführt. Nach nur zwei Jahren war das Gebäude erneut sanierungsreif. Wegen zahlreicher offener Fugen litten die Bewohner unter Kälte und Zugerscheinungen. Bei jedem Regen zeigten sich nicht nur feuchte Flecken auf der Innenseite der Außenwände, sondern es drang auch viel Wasser in die Räume, welches in Schalen und Eimern aufgefangen wurde. Darüber hinaus wiesen die Fassaden flächig Farbabplatzungen, Putzabplatzungen wie auch Farb- und Putzrisse auf. Am Westgiebel zeigten sich die Schäden deutlich am stärksten, an den übrigen Fassadenteilen geringer.

Die durchgehenden und weitreichenden Untersuchungen zeigten folgende Schadenskomplexe:

- Nicht ausreichendes »Gesundschneiden« von tierischen und/oder pflanzlichen Schädlingen angegriffener Hölzer des Fachwerkskeletts,
- stumpfe Holzverbindungen bei Reparaturstücken und Auswechslungen,
- dampfdichte Holzersatzmassen mit mehreren Zentimetern Stärke auf Schmuckhölzern wie auch einem Teil der konstruktiven Fachwerkhölzer,
- mangelhafte Wandkonstruktionen,
- mangelhafte Fensterkonstruktion,
- weitgehend dampfdichter Anstrich auf Hölzern und Gefachen.

Bei der Planung war auch in diesem Sanierungsfall von dem Gedanken ausgegangen worden, das Gebäude als Sichtfachwerk von außen »dicht« zu machen und trotz des inneren Sichtfachwerks eine möglichst hohe zusätzliche Wärmedämmung einzubauen. Zu den Zielvorgaben gehörte weiter, so viel originale Holzsubstanz wie möglich zu erhalten.

Anläßlich der Sanierung wurden alle Decken- und Wandgefache ausgebaut.

Bei der Instandsetzung des Fachwerkskeletts wurde zur Schonung des Denkmals zu gering »gesundgeschnitten«, d.h. zu viel Holzsubstanz insbesondere mit Fäulnisschäden belassen. Die »stehengelassenen« Reste angegriffener Hölzer ergaben unzureichende Anschlüsse bei Reparaturhölzern wie auch den Ausfachungsmaterialien, es zeigte sich aber auch, daß hier besonders schnell neuer Schadensbefall einsetzte.

Weiter wurden bei dem Austausch, dem Ersatz und dem Anschuhen von Hölzern zum größeren Teil stumpfe Holzverbindungen gewählt. Sowohl beim Nachtrocknen wie auch bei den kontinuierlichen Quell- und Schwindbewegungen des Holzskeletts bildeten sich unterschiedlich breite, offene, senkrechte und waagerechte Fugen, durch welche insbesondere Schlagregen eindringen konnte.

Als Ersatz für große Partien angegriffener und bis über mehrere Zentimeter tief völlig zerstörte Holzteile wurden einige Hundert Kilo chemische Holzersatzmassen flächig aufgespachtelt. Beim Öffnen solcher »Reparaturstellen« zeigte sich, daß das Holz hinter den chemischen Holzersatzmassen völlig von Fäulnis zerstört und die restlichen Holzteile, vor allem der Mulm schwammig naß waren.

Abb. 112:
Der weitaus stärkste Schadenseinfluß waren die großflächig aufgespachtelten und dann handwerklich bearbeiteten chemischen Holzersatzmassen. Das Holz unter diesen Massen war stark geschädigt.

Für die Gefacheausmauerung hatte man je nach Beanspruchung der Fassade, der gewünschten Wärmedämmverbesserung und den Beanspruchungen aus den Raumnutzungen eine ganze Reihe verschiedener Wandaufbauten geplant und berechnet. Die sehr komplizierten, teilweise von Raum zu Raum wechselnden Wandaufbauten waren am Bau kaum nachvollziehbar. Offensichtlich waren bei den Arbeiten weniger die Zeichnungen denn die gerade vorhandenen Materialien als Vorgaben benutzt worden, so daß der gut gemeinte Planungsansatz nicht verwirklicht wurde – vielleicht auch nicht verwirklicht werden konnte. Es entstanden dabei Wandaufbauten mit hohen Innendämmungen und/oder Dampfsperren, die zu Kondensatbelastungen in der Wand, Feuchtigkeit und Fäulnis führten.

Ein weiterer schwerer Mangel am Fachwerkskelett rührte aus der Fensterkonstruktion. Sowohl die Wetterschenkel der Fenster als auch die inneren und äußeren Fensterbretter waren stumpf am Flügel bzw. am Rahmen angeleimt. Die Leimfugen rissen sehr schnell auf und das an den Fensterscheiben herablaufende Wasser drang durch die Fugen senkrecht bis in die Brüstungsriegel unter den Fenstern. Ein großer Teil der Brüstungsriegel war aus diesem Grunde trogartig ausgefault, die Riegel bestanden dann nur noch jeweils aus wenigen Zentimetern, ähnlich einem Trog oder Kasten.

Schließlich wurden alle kleineren Fehlstellen im Holz wie auch nicht dicht schließende alte und neue Holzanschlüsse ganzflächig zugespachtelt und ein weitgehend dichter und dampfdichter Dispersionsanstrich auf Hölzer und Gefache aufgebracht. Der Anstrichfilm konnte die Bewegungen des Holzskeletts nicht mitmachen und riß an zahlreichen Stellen. Durch die nun offenen Stellen im Anstrichsystem drang in großen Mengen Wasser in die Hölzer, Fugen und Gefache, das wegen des dichten Anstrichs nicht ausreichend schnell wieder austreten konnte.

Nach dieser Schadenshäufung wurde eine tiefgreifende und kostspielige »Sanierung der Sanierung« notwendig. Im Endergebnis ergab dies nicht nur in kürzester Zeit neuerlich große Sanierungskosten, sondern auch eine erhebliche Minderung des Denkmals, da in umfangreichem Maße Originalsubstanz verlorenging und schließlich auch hohe prozessuale Aufwendungen zur Beilegung der Rechtsstreitigkeiten.

3.5.6 Fachwerkwände mit ungehindertem Dampfdurchgang – Verhinderung von Schäden durch Sperren

Mit dem in der Umgangssprache gebräuchlichen Begriff des »Atmens der Wände«, ist meist die Dampfdurchlässigkeit oder es sind die Dampf- und Luftdurchlässigkeit gemeint.

Die Dampfdurchlässigkeit und möglicher Kondensatausfall in der Wand, insbesondere in einer ungünstigen Wandebene spielen für alle Arten von Wänden, auch für Mauerwerk und Beton eine große Rolle. Bei zunehmender Durchfeuchtung wird die Wärmeleitfähigkeit größer und dementsprechend erhöht sich der Wärmedurchgang, dadurch steigt der Heizenergieverbrauch. Bei Fachwerkwänden wirkt sich darüber hinaus zu hoher Kondensatausfall, der nicht schnell genug ausdiffundieren kann, oder gar durch Sperren des Wandaufbaus im Holz gehalten wird, dramatisch aus, da ab ca. 20 % Holzfeuchte die wichtigste Lebensbasis für pflanzliche Schädlinge gegeben ist: Pilze und Schwämme können wachsen. Das Ergebnis des Wirkens pflanzlicher Holzschädlinge ist Bläue und/oder Fäulnis, z.B. Weißfäule oder Braunfäule. Bei günstigen Bedingungen, wie genügender Feuchte und bestimmten Temperaturen, wachsen und verbreiten sich pflanzliche Holzschädlinge sehr schnell und können innerhalb kürzester Fristen ein hölzernes Gebäude weitgehend vernichten.

Zusätzliche Wärmeschutzmaßnahmen sind meist auch bei historischen Fachwerkgebäuden notwendig und können mit der entsprechenden Sorgfalt bezüglich des Kondensatausfalls bzw. der Vermeidung von Sperren auch durchgeführt werden. So lassen sich z.B. vorhandene Fachwerkwände durch einen äußeren Wärmedämmputz statt des normalen Putzes und einer nicht zu starken zusätzlichen Innendämmung wesentlich verbessern. Der Schichtenaufbau muß dabei immer so gewählt werden, daß ein möglichst gleichmäßiger Dampfdruckverlauf durch alle Wandschichten gewährleistet wird, nicht zu viel Kondensat und dieses Kondensat nicht zu weit innen ausfällt und weiter keine Dampfsperren den Dampfdurchgang behindern.

Das aus Gründen der Perfektion oft gewünschte flächige Überspachteln, das Ausspachteln breiter Risse und das flächige Aufbringen von chemischem Holzersatz auf den Außenseiten von Fachwerkhölzern ist grundsätzlich zu unterlassen. Holzschäden und Fehlstellen sind mit natürlichem Holz z.B. in Form von Aufbohlungen (Abschnitt 3.2.6 »Vermeidung von Konstruktionsfehlern«) zu reparieren. Breite Risse im Holz sowie klaffende Fugen zwischen Holzverbindungen müssen ausgespänt werden.

Dampfdichte Anstriche außen oder innen wirken wie Dampfsperren und führen zu Feuchtestaus im Holz. Entsprechende Anstriche müssen grundsätzlich vermieden werden. Um nicht zu dicke und damit nicht zu dichte Anstrichschichten zu erhalten, müssen Altanstriche meist vor dem Neuanstrich völlig entfernt werden (Abschnitt 3.4.6.4 »Grundsätze zum Anstrich - Malerarbeiten«).

Das Schließen von Rissen im Holz sowie der Fugen zwischen Hölzern und Ausfachungen mit dauerelastischen und dauerplastischen Materialien ist völlig sinnlos oder gar schädlich, da die entsprechenden Materialien auch mit Primern nicht am Holz oder Putz haften können. Bei nur geringster Bewegung reißen die plastischen Massen mindestens auf einer Seite ab, insgesamt führen sie vielfach zu Feuchtestaus und zur Behinderung des Ausdiffundierens von Feuchte.

3.6 Schadensgruppe Verwitterung, Alterung, Verschleiß

Trockenes Holz, richtig eingebaut und richtig gepflegt, ist mit Standzeiten bei Weichhölzern über 800 Jahre und bei Eiche gar über 1000 Jahre fast unbegrenzt haltbar. Der geringe Abbau von Holzsubstanz durch den ultravioletten Strahlungsanteil des Sonnenlichtes in Form der photochemischen Umwandlung von Holzinhaltsstoffen geht so langsam vor sich, daß er im Vergleich zu anderen Schädigungen oder Alterungsprozessen zu vernachlässigen ist. Der silbrig-graue Schimmer frei bewitterten Eichenholzes ist das Ergebnis dieses Prozesses.

Auch dort, wo Holz explizit als Verschleißschicht eingebaut wurde, z.B. in Form von Schindelschirmen oder Brettverkleidungen, hat es im allgemeinen noch Standzeiten zwischen 30 und über 100 Jahre.

Es gibt kaum selbständige Schäden oder Mängel allein durch Alterung oder Verwitterung. Die Mängel entstehen meist erst durch das »Dazutun« des Menschen, durch Konstruktionen, durch Einbausituationen, durch zu geringe Pflege oder Bauunterhaltung, durch physikalische oder chemische Strapazen, Feuchte in Form von Dampf oder Wasser. Häufige Feuchtewechsel, Feuchtestaus oder Feuchtekonzentrationen sind besonders häufige Gründe für die Schadensmechanismen.

Dazu treten wenige Sondersituationen, wie das in Salzlagern oder Salinen eingebaute Holz, welches durch die hohe Feuchte und Salzbelastung zum schnellen Vergehen durch Mazeration verurteilt ist.

Es sind also im wesentlichen wieder die unzureichenden oder fehlerhaften Konstruktionen, die Mißachtung bautechnischer oder bauphysikalischer Grundregeln, die zu den eigentlichen Schäden führen. Diese Schadensphänomene und die Grundsätze zu deren Vermeidung sind ausführlich in den Abschnitten 3.1 bis 3.5 beschrieben und sollen hier nicht wiederholt werden.

Schlagregenbelastung ist praktisch die stärkste Witterungsbelastung, die auf Fachwerkbauten wirkt. Schlagregenbelastung verkürzt die Anstrichstandzeiten und führt zu stärkeren oder schneller auftretenden Schäden, dies insbesondere mit Mängeln, Fehlern und Umständen aus den Schadensgruppen 3.1 bis 3.5 (Abschnitt 3.2.3 »Schlagregen«)

Es gibt eine Reihe von klimatischen Bedingungen, extremen Lagen, exponierten Bausituationen, denen das System Fachwerk nicht gewachsen ist, bei denen Sichtfachwerk versagen muß. Starker Schlagregenbeanspruchung kann eine Sichtfachwerkkonstruktion bis heute nicht standhalten und deshalb muß in allen Lagen an der Küste wie in den Mittelgebirgen mit extremen Witterungsbedingungen Sichtfachwerk durch Verkleidungen, Verschalungen, Schieferschirme oder Verputz geschützt werden. Bei der Frage zur Freilegung verputzten oder verkleideten Fachwerks ist deshalb neben der Überlegung, inwieweit mit der Verkleidung eine neue architektonische Aussage geschaffen wurde, zu prüfen, ob nicht der Grund für die Verkleidung oder den Verputz eine starke Witterungsbeanspruchung, insbesondere Schlagregen, war und wie weit dieser auch heute noch besteht.

Abb. 113, 114, 115, 116:
In extremen Witterungslagen wurde Fachwerk schon immer verkleidet. Die Verkleidungen sind landschaftsgebunden. Die Beispiele zeigen eine senkrechte Bretterverkleidung, Biberschwänze mit Schieferrahmen, Holzschindeln und eine Blechschindelverkleidung aus dem vergangenen Jahrhundert.

Abb. 114:

Abb. 115:

Abb. 116:

Abb. 117:
Unter Schlagregeneinfluß stark angewitterter Anstrich. Hier sind die Witterungseinflüsse so gravierend, daß eine Verkleidung des Fachwerks notwendig wird.

3.6.1 Schäden am Anstrichsystem auf den Hölzern

Schäden am Anstrichsystem auf den Hölzern, d.h. abgewitterte oder stark angegriffene Anstriche ohne Schäden am Holz, basieren auf der Verwendung ungeeigneter Anstrichstoffe oder zu großen Intervallzeiten der Wiederholungsanstriche, oft in Verbindung mit unzureichender Aufbereitung des Untergrundes (z.B. Reste von Würfelbruch oder nicht mehr tragfähigen Altanstrichen). Die Intervallzeiten von Wiederholungsanstrichen müssen z.B. auf den wetterbeanspruchten Seiten wesentlich enger liegen als auf den weniger beanspruchten Gebäudeseiten oder Gebäudeteilen.

3.6.2 Verwitterung von Holzoberflächen

Durch die fotochemische Umsetzung der Holzinhaltsstoffe bei Sonnenbestrahlung bleiben auf der äußersten Holzoberfläche nur die hellgrauen Celluloseteile stehen. Diese gut zu verfolgende und sichtbare Vergrauung ist unproblematisch, schreitet nur sehr langsam fort und bedarf an sich keiner besonderen Behandlung. Treten Vergrauungen bei farblich gefaßten Fachwerkbauten auf, so sind meist die Intervallzeiten für die Wiederholungsanstriche zu lange gewesen.

3.6.3 Verwitterung von Holzteilen mit Fäulnis

Verwitterungen von Holzteilen mit Schäden durch pflanzliche Holzschädlinge (Fäulnis/Schwammbefall) entstehen durch ungeeignete Anstriche, Anstrichsysteme oder Spachtelmassen unter Umständen in Verbindung mit zu langen Bauunterhaltungsintervallen und Witterungseinflüssen.

Abb. 118:
Stark angewitterte Holzoberfläche. Bei diesem Holzzustand kann nach dem Abbürsten mit einer Drahtbürste direkt eine Anstrichgrundierung und der nachfolgende Anstrich aufgebracht werden.

Abb. 119:
Angewitterter und bereits stark von tierischen und pflanzlichen Schädlingen angegriffene Holzoberfläche. Zur dauerhaften Reparatur ist hier eine Aufbohlung notwendig.

3.6.4 Schäden durch Feuchte in den Zapfenlöchern der Schwelle

Ein besonders häufig anzutreffender Schaden, der durch das Eindringen von Wasser in die Zapfenlöcher der Schwelle entsteht, wird zum größeren Teil durch Witterungseinflüsse ausgelöst, hängt aber ursächlich an Mängeln, wie nicht dicht schließenden Verbindungen. Oberflächenwasser, das an der Fassade abläuft, dringt dabei durch nicht dicht schließende Fugen der Holzverbindungen von Ständern und Streben mit der Schwelle in die Zapfenlöcher der Schwelle. Diese Feuchtebelastung wird bei Schlagregen noch erhöht. An der Stirnseite der Zapfenlöcher mit Hirnholz wird das Wasser von den angeschnittenen Zellen des Holzes stark aufgesaugt. Dadurch dringt überproportional (gegenüber dem Boden und den Seitenwänden der Zapfenlöcher) viel Feuchtigkeit in das Holz und führt oft zu schweren Fäulnisschäden.

Bei hintermauerten Fachwerkwänden, die nur noch ihr Eigengewicht tragen, kommt der Mangel nicht dicht schließender Holzverbindungen zwischen Ständern sowie Streben mit der Schwelle besonders häufig vor. Das Gewicht der Wand allein reicht unter Umständen nicht aus, die äußere Zapfenbrust fest genug auf die Schwelle zu drücken und klaffende Verbindungen sind die Regel.

Die Zimmerleute haben diese Verbindungen wegen der Gefahrenquellen früher besonders sorgfältig hergestellt, z.B. durch leichtes Unterschneiden (Schrägschneiden) der Zapfenbrust auf der Außenseite oder bei schalkantigen Schwellen durch Anschneiden einer abgeschrägten oder teilweise abgeschrägten Zapfenbrust.

Untersuchungen des Deutschen Zentrums für Handwerk und Denkmalpflege an Versuchsgebäuden im Freilichtmuseum im Hessenpark zu diesem Schadenskomplex haben ergeben, daß Maßnahmen, wie das Ausschäumen der Zapfenlöcher nur wenig nutzen, ja zu größeren Feuchtekonzentrationen geführt haben. Die sicherste Maßnahme ist die dichte Verbindung der Ständer und Streben mit der Schwelle, kann diese nicht gewährleistet werden, so haben sich schräge Anbohrungen der Zapfenlöcher, d.h. ein Bohrloch, Durchmesser 12-16 mm von der Unterseite des Zapfenloches schräg nach außen bewährt. [ZHD 1990]

3.6.5 Anstrichschäden auf den Gefachen

Schäden an Anstrichsystemen auf den Gefachen (ohne Schäden an der eigentlichen Gefachefüllung wie Lehm, Ziegel oder Putz) entstehen durch die Abwitterung z.B. von Kalk, aber auch von mineralisch gebundenen Farben oder Dispersionsanstrichstoffen, insbesondere bei zu langen Intervallen zwischen den Wiederholungsanstrichen. Bei ungeeignetem Untergrund, ungenügender Untergrundbehandlung oder weniger gut geeigneten Anstrichaufbauten sind die Standzeiten kürzer. Die Intervallzeiten für Untersuchungen und Wiederholungsanstriche müssen diesen Bedingungen wie auch der Witterungsbelastung angepaßt werden. So müssen die »Wetterseiten« viel häufiger kontrolliert und auch in engeren Zeitabschnitten neu gestrichen werden als die übrigen Fassaden.

3.6.6 Schäden an der Gefachefüllung

Schäden am Putz, Lehm oder den Ziegeln der Ausfachung stellen fortgeschrittene Verwitterungsstadien z.B. nach dem vorherigen Abwittern des Anstrichs dar.

Abb. 120:
Große Teile des Stipputzes, Teile der Lehmoberfläche und der gesamte Anstrich sind bei diesem Nebengebäude abgewittert. In diesem Falle sind zunächst die Lehmgefache mit Lehm zu reparieren, dann der Putz mit Bewehrung oder Träger neu aufzubringen und danach die Anstrichsysteme auf Holz und Gefach zu erneuern.

3.6.7 Algenbefall

Algenbefall auf Holz und/oder Gefachen entsteht bei dauernd hoher Feuchtebelastung der Fassade und/oder Verschattung der Fassade z.B. durch dicht am Gebäude stehende Bäume.

4 Normen, Richtlinien

DIN 96	Halbrund-Holzschrauben mit Schlitz
DIN 97	Senk-Holzschrauben mit Schlitz
DIN 571	Sechskant-Holzschrauben
DIN 1052 T 1 u. 2	Holzbauwerke; Berechnung und Ausführung
DIN 1053 T 1	Mauerwerk, Berechnung und Ausführung
DIN 1055	Lastannahmen für Bauten
DIN 1060 T 1	Baukalk; Begriffe, Anforderungen, Überwachung
DIN 1074	Holzbrücken; Berechnung und Ausführung
DIN 1101	Holzwolleleichtbauplatten; Maße, Anforderung, Prüfung
DIN 1151	Drahtstifte, rund; Flachkopf, Senkkopf
DIN 1152	Drahtstifte, rund; Stauchkopf
DIN 1164 T 1	Portland-, Eisenportland-, Hochofen- und Traßzement; Begriffe, Bestandteile, Anforderungen, Lieferung
DIN 1169	Lehmmörtel
DIN 4052	Gespundete Bretter aus Nadelholz
DIN 4070	Nadelholz, Querschnittsmaße und statische Werte
DIN 4074 T 1	Bauholz für Holzbauteile; Gütebedingungen für Bauschnittholz
DIN 4102	Brandverhalten von Baustoffen und Bauteilen
DIN 4108	Wärmeschutz im Hochbau
DIN 4211	Putz- und Mauerbinder
DIN 18 119 T 1	Holzschindeln; Dachschindeln
DIN 18 330	Maurerarbeiten
DIN 18 334	Zimmer- und Holzbauarbeiten
DIN 18 350	Putz- und Stuckarbeiten (VOB, Teil C)
DIN 18 363	Maler- und Lackiererarbeiten (VOB, Teil C)
DIN 18 550	Putz; Baustoffe und Ausführung
DIN 52 175	Holzschutz

DIN 55 945	Lacke, Anstrichstoffe und ähnliche Beschichtungsstoffe, Begriffe
DIN 62 175	Holz; Begriffe, Grundlagen
DIN 68 141	Holzverbindungen
DIN 68 365	Bauholz für Zimmerarbeiten; Gütebedingungen
DIN 68 800 T 1	Holzschutz im Hochbau; allgemein
DIN 68 800 T 2	Holzschutz im Hochbau; vorbeugende bauliche Maßnahmen
DIN 68 800 T 3	Holzschutz im Hochbau; vorbeugender chemischer Schutz von Vollholz
DIN 68 800 T 4	Holzschutz im Hochbau; Bekämpfungsmaßnahmen gegen Pilz- und Insektenbefall
DIN 68 800 T 5	Holzschutz im Hochbau; vorbeugender chemischer Schutz von Werkstoffen
DIN 68 805	Bläueschutz und Grundbeschichtungsstoffe
EC 5 und NAD	Eurocode 5: Holzbauwerke; allgemeine Bemessungsregeln und Nationales Anwendungsdokument

5 Literatur / Register

5.1 Literatur

BUNDESMIN. FÜR RAUMORDNUNG 1996: Dritter Bericht über Schäden an Gebäuden, Hrsg.: Bundesministerium für Raumordnung, Bauwesen und Städtebau, Bonn 1996.

DEINHARD 1996: Deinhard, M.: Systembedingte Schäden an Dachwerken, Fulda 1996.

ECKERMANN/VEIT 1996: Eckermann, W.; Veit, J.: Schlagregenbeanspruchung von Fachwerkfassaden, Arbeitsblatt Deutsches Zentrum für Handwerk und Denkmalpflege, Fulda 1996.

GERNER 1983: Gerner, M.: Farbiges Fachwerk: Ausfachung, Putz, Wärmedämmung, Farbgestaltung, Stuttgart 1983.

GERNER 1986: Gerner, M.: Lehm im Fachwerkbau, in: Tagungsbericht Lehm im Fachwerkbau, Hrsg. Rheinisches Freilichtmuseum und Landesmuseum für Volkskunde in Kommern, Köln 1986, S. 36-45.

GERNER 1988: Gerner, M.: Das Holzskelett des Fachwerks und seine Instandsetzung, Arbeitsanleitung Nr. 4 der Arbeitsgemeinschaft Historische Fachwerkstädte in Hessen und Niedersachsen, Hann. Münden/Alsfeld 1988.

GERNER 1990: Gerner, M.: Historische Häuser erhalten und instandsetzen, Augsburg 1990.

GERNER 1991: Gerner, M.: Bilanz der bisherigen Fachwerkforschung, Sonderheft aus der Publikationsreihe des Verbundforschungsprojektes Fachwerkbautenverfall und Fachwerkbautenerhaltung, Erhaltung von Fachwerkbauten, Statusseminar in Fulda am 15./16.05.1990, Fulda 1991.

GERNER 1994: Gerner, M.: Fachwerk. Entwicklung-Gefüge-Instandsetzung, 7. völlig überarb. Aufl., Stuttgart 1994.

GERNER 1994: Gerner, M.: Forstordnungen, Bauordnungen, Brandschutzvorschriften, in: Fachwerk. Entwicklung-Gefüge-Instandsetzung, 7. völlig überarb. Aufl., Stuttgart 1994, S. 53-54.

GERNER 1994: Gerner, M.: Manuelle Untersuchungsmethoden. Die Notwendigkeit von Untersuchungen für Holzkonstruktionen, Arbeitsblatt, Deutsches Zentrum für Handwerk und Denkmalpflege, Fulda 1994.

GERNER 1996: Gerner, M. Abbundzeichen, Fulda 1996.

GERNER 1996: Gerner , M.: Fachwerkbauten in Deutschland. Sorgenkinder und Hoffnungsträger, Bundesbaublatt Heft 10/96, Hrsg.: Bundesministerium für Raumordnung, Bauwesen und Städtebau, Bonn 1996.

GERNER 1997: Gerner, M.: Fachwerklexikon, Stuttgart 1997.

GERNER/WEIDIG 1994: Gerner, M., Weidig, G.: Deckende Anstriche auf Fachwerkhölzern. Ausführung und Materialkriterien, Arbeitsblatt, Deutsches Zentrum für Handwerk und Denkmalpflege, Fulda 1994.

GESAMTPROJEKTLEITUNG DES VERBUNDFORSCHUNGSPROJEKTES 1994: Gesamtprojektleitung des Verbundforschungsprojektes Fachwerkbautenverfall und Fachwerkbautenerhaltung (Hrsg.): Handbuch zur Denkmalpflegeforschung. Pilotobjekt Fachwerkkirche Eichelsachsen, Berlin 1994.

HANSEN/KRAFT 1980: Hansen, W.; Kraft, H.: Fachwerk im Weserraum, Hameln 1980.

JOHANNSEN 1974: Johannsen, C.: Das niederdeutsche Hallenhaus und seine Nebengebäude im Landkreis Lüchow-Dannenberg, Braunschweig 1974.

KASPAR 1978: Kaspar, F.: Fachwerkbauten in Westfalen vor 1600, Münster 1978.

KÜNZEL 1996: Künzel, H.: Der Feuchtehaushalt von Holz-Fachwerkwänden, Bauforschung für die Praxis, Bd. 23, Stuttgart 1996.

LAUFFER 1910: Lauffer, O.: Der volkstümliche Wohnbau im alten Frankfurt a.M. Aus »Archiv für Frankfurts Geschichte und Kunst« Frankfurt am Main, 10. Band, 1910, S. 213-317.

MITTAG 1952: Mittag, M.: Bau-Konstruktionslehre, Gütersloh 1952.

OTTENJANN 1944: Ottenjann, H.: Das Museumsdorf in Cloppenburg, Oldenburg 1944.

RINN: Frank Rinn Distribution, »Hölzerne« Fragen, Heidelberg o.J.

SAGE 1972: Sage, W.: Reallexikon zur deutschen Kunstgeschichte, Bd. 6, Stuttgart 1972.

SCHAEFER 1981: Schaefer, C.: Die Holzarchitektur Deutschlands vom XIV. bis XVIII. Jahrhundert, Berlin 1883/1888, Nachdruck Hannover 1981.

STENDER 1978: Stender, F.: Das Bürgerhaus in Schleswig-Holstein, Das deutsche Bürgerhaus, Begr. Bernt, A., Hrsg.: Binding, G., Band XIV, Tübingen 1978.

THÜMMLER/KUGELE/VEIT 1994: Thümmler, U.; Kugele, C.; Veit, J.: Zustandskartierung für Holzkonstruktionen Teil 1-3, Arbeitsblatt, Deutsches Zentrum für Handwerk und Denkmalpflege, Fulda 1994.

WEISSENFELD 1988: Weissenfeld, P.: Holzschutz ohne Gift?, 7. überarb. u. erw. Neuauflage, Stauffen 1988.

WILLEITNER/SCHWAB 1981: Willeitner/Schwab: Holzaußenverwendung im Hochbau, Stuttgart 1981.

ZHD 1990: Deutsches Zentrum für Handwerk und Denkmalpflege: Abschlußbericht zum vom BMBF unterstützten Forschungs- und Untersuchungsprojekt »Bautechnische und bauphysikalische Untersuchungen im Hessischen Freilichtmuseum zur Erhaltung und Erneuerung von Fachwerkgebäuden«, Fulda 1990.

ZHD 1995: Deutsches Zentrum für Handwerk und Denkmalpflege: Studie über den Instandsetzungsbedarf von Fachwerkgebäuden für den Bauschadensbericht 1995 der Bundesregierung, Fulda 1995.

Weiterführende Literatur:

Apel, K.: Handbuch der Altbau-Renovierung, Problemlösungen für das Malerhandwerk und für verwandte Berufe, Stuttgart 1978.

Arbeitsgemeinschaft Holz e.V. (Hrsg.): Anstriche für wetterbeanspruchte Holzoberflächen, Düsseldorf o.D.

Binding, G.; Mainzer, U.; Wiedenau, A.: Kleine Kunstgeschichte des deutschen Fachwerkbaus, 4. erw. Aufl., Darmstadt 1989.

Frick, Knöll, Neumann, Weinbrenner. Baukonstruktionslehre Teil 1, Stuttgart 1997

Gerner, M.: Handwerkliche Holzverbindungen der Zimmerer, Stuttgart 1992.

Gerner, M.; Kynast, F.; Schäfer, W.: Infrarottechnik, Fachwerkfreilegung, Stuttgart 1980.

Grosser, D.: Pflanzliche und tierische Bau- und Werkholz-Schädlinge, 2. unveränd. Auflage, Leinfelden-Echterdingen 1987.

Lohmann, U.: Holz Handbuch, 4. völlig überarb.Aufl., Stuttgart 1990.

Knöfel, D.: Holzschutz, 2. neubearb. Aufl., Wiesbaden, Berlin 1982.

Minke, G. (Hrsg.): Bauen mit Lehm, Heft 1, Grebenstein 1984.

Minke, G. (Hrsg.): Bauen mit Lehm, Heft 3, Freiburg 1985.

Minke, G.: Lehmbau-Handbuch, Staufen 1994.

Mönck, W.: Holzbau: Grundlagen für Bemessung und Konstruktion, München 1993.

Mönck, W.: Schäden an Holzkonstruktionen: Analyse und Behebung, 2. stark bearb. Aufl., Berlin 1995.

Natterer, J.; Herzog, T.; Volz, M.: Holzbau Atlas, hrgs. Arbeitsgemeinschaft Holz e.V., Köln 991.

Weiß, W.: Fachwerk in der Schweiz, Basel 1991.

5.2 Sachregister